THE MIND STRENGTH METHOD

FOUR STEPS TO CURB ANXIETY, CONQUER WORRY & BUILD RESILIENCE

［澳］朱迪·洛因格 著

徐培培 译

焦虑的反面是具体

山东画报出版社
济南

果麦文化 出品

谨以此书献给我最珍贵的宝藏——我的家人。

你们为我带来永不枯竭的感恩之心,谢谢你们。

愿你们生活的每一天都充满内在的力量。

勇敢地面对恐惧,遵循自己的价值观。

爱你们,直到永远。

目录

导论

第一步
发现那些由战斗或逃跑反应所驱动的想法、感受及行动

第二步

认识你自己的价值观

第三步

心力训练法工具箱

第四步

沿着价值观和人生目标向前迈进

导论

Chapter 1

焦虑也可以是一种超能力

你的生活中是否充斥着焦虑、压力和担忧，让你无法活得自信而充实？被这个问题困扰的绝对不止你一个。当今社会中的焦虑和压力水平已经达到了流行病的程度，焦虑症其实已经成为最普遍的心理健康问题。在澳大利亚，不管是成人、儿童还是青少年，有1/4的人或早或晚会经历临床水平的焦虑——这种程度的焦虑极为严重，已经让人们无法按照理想的方式生活。有研究表明这个比例还在继续上升，而这一发现似乎不足为奇。

焦虑本身是人类成长经历中一个常见的组成部分。我们生活在这个不确定的世界上，每时每刻都在不断地变化，自然而然会产生焦虑。焦虑就是生而为人的结果！我们的大脑天生就会感到焦虑，它是一种固有的自我保护机制。一旦我们认为某种东西是危险的，或者会对我们产生威胁，大脑就会触发一种应激反应，也就是"战斗或逃跑反应"（fight or flight response）——这是一种神经化学反应过程，它让我们的身体做好准备，要不逃跑，要不就留下来跟我们预感到的危险开战。这种经历就是焦虑。

然而对于某些人来说，焦虑可能会达到临床水平，这时候它就会严重破坏我们的生活，给我们带来巨大的痛苦。幸好我们有心力训练法，不管你是处在日常焦虑中还是临床水平的焦虑中，这种方法都能够为您提供帮助。

身为一名临床心理学博士，焦虑（anxiety）、心态（mindset）及韧性（resilience）领域的国际演讲者，"焦虑治疗诊所"的创始人及众多企业高管的情绪教练，我有幸帮助过成千上万的人摆脱焦虑，这些人中有成年人，有儿童，也有青少年。在我的帮助下，他们学会了用自信、快乐和真正的幸福感去拥抱生活。

我跟无数个焦虑患者有过密切接触，我可以拍着胸脯说，焦虑并不是一种缺陷或弱点，所以我才避免使用"失调"或"疾病"这样的字眼。焦虑并不意味着"你不够好"，我们必须放弃这种观点，因为这种想法通常会给人带来羞耻感。事实上，焦虑也可以是一种超能力。根据我的经验，绝大多数深陷焦虑的人都能进行美妙而有深度的思考，他们的感受也都深刻而独特，这是一种由强大的分析思维与同理心结合而成的产物。正如我常说的那句话："你在乎，是因为你在乎。"

作为一名焦虑症专家和情绪教练，我的职责是帮助人们认清并接受自己的力量，这种力量和焦虑通常都是一体两面的。我的客户们可不会去压制这种力量，默默承受痛苦，他们会去学习有效的方法来驱使这种力量。他们还学着让自己有能力来面对自己的担忧和恐惧，并让自己的心态和行动朝着人生价值、生活激情和目标奋勇前进。

多年来的临床经验以及企业研究和实践经验，帮我研发出了心力训练法。这个过程共有四步，可以帮助不同年龄段的人们抑制焦虑、克服担忧、强健心态。本书前几章中所介绍的工具和技术都是我从多年实践经验中总结出来的，它们帮助过无数个深陷焦虑和压力的大人、小孩克服焦虑，改善生活，这些方法已被证明是实用有效的。

心力训练法结合了神经科学、临床心理学以及积极心理学方面的基础知识，属于第四代疗法，它所基于的是目前最佳的治疗方法，包括认知行为疗法、接受和承诺疗法以及叙事疗法。我的客户们纷纷表示，心力训练法为他们带来了前所未有的治疗效果。许多人把大量的金钱和时间浪费在各种疗法上，可效果并不明显，然而使用心力训练法几个月后，他们身上发生的转变让人大吃一惊。

这并不是说我不相信药物疗法，作为一名"混合型"治疗师，我知道对于正处于严重焦虑的人来说，可能的确需要在我教授的技术之外辅以药物治疗。客户在确定是否需要药物治疗时必须先咨询自己的医生，医生可以为他们开出最合适的治疗方法。但不管是否用药，心力训练法都可以帮到你。

所以，你（或是你的孩子、伴侣、朋友）是否想要摆脱担忧、焦虑、恐惧和压力呢？是否想要学会自信、积极、成功地生活呢？如果答案是肯定的，那么这本书一定适合你。我期待着跟你分享我的毕生心血，帮助你以崭新的勇气和韧性去创造幸福美满的生活。

Chapter 2

勇气的故事

你不能改变所有的境遇，但你能改变自己对它的反应

　　心力训练法的核心是勇气。我们要有勇气去直面恐惧，有勇气去踏上一条符合内心价值观的道路。按照这样的路线走，才能克服焦虑，过上充实的生活。

　　培养心理韧性是关键。韧性并不意味着坏事不会发生——毕竟对于人类而言，逆境也是常态。韧性是指我们从挑战中恢复过来的能力，它可以创造一个空间，让我们来选择如何应对挑战。在学习心力训练法的过程中，我们会逐渐认识到有些人生境遇是我们无法把控的，但我们可以选择自己的应对方式。正如杰出的心理学家

维克多·弗兰克尔[1]在《活出生命的意义》(*Man's Search for Meaning*)一书中所写的那样:"在刺激和反应之间存在一个空间。在那个空间里,我们有能量去选择自己的反应方式,而这些反应方式则蕴藏着我们的成长和自由。"

我的家族故事和维克多·弗兰克尔的经历非常相似。他在回忆录中描述了"二战"期间人们在纳粹奥斯威辛集中营里的生活。根据自身的经历以及发生在身边的生死故事,弗兰克尔说,逃避痛苦并不能彰显力量,所谓力量,在于应对苦难时有能力做出有意义的选择,在于我们有能力去直面苦难,有能力去坚守赋予我们意义的东西。弗兰克尔写道,其实快乐并不是我们的主要驱动力,意义才是。意义是人类天生的驱动力,为我们提供了一种摆脱痛苦的方式,我们通过坚守自己的人生目标和价值而获得了全新的力量、希望和韧性。

其实,正是这种从逆境中恢复元气的能力让我能够走到今天,写出这本书,并通过分享我的专业知识来帮助大家。心力训练法的精髓就是我的家族得以存续的核心——受家族历史的激励,我希望世界各地的人们都能够勇敢地面对恐惧,去追求有意义、有目标、完满的人生。

我的家人们在寻找人生意义的过程中获得了力量和勇气,从而谱写了自己的故事。这个故事从一个叫艾莎的女孩开始,那一年她

---

1. 维克多·弗兰克尔(1905.3.26—1997.9.2),奥地利心理学家,维也纳第三心理治疗学派——意义治疗与存在主义分析创办人。出生于维也纳的一个犹太人家庭,"二战"期间全家被纳粹关入集中营,最终只有妹妹和他幸存。

19 岁，生性善良，来自欧洲中部斯洛伐克的一个小镇托波尔恰尼。艾莎有两个姐姐，曼西卡和兹拉塔。兹拉塔有一个漂亮的小女儿，名叫维罗妮卡，艾莎对这个小婴儿甚是喜爱。

有一天，来了一群士兵。艾莎被迫离开家人，被赶到一辆开往奥斯威辛的牛车上。孤苦无依的艾莎惊恐万分。人群被分成两拨，一拨分到了工作，剩下的则被送往毒气室等死。艾莎就排在分到工作的人群中。

艾莎负责整理被带到奥斯威辛集中营的人们的财物。正是在这里，一个奇迹发生了。艾莎在偶然间发现了这张照片，照片中的小孩正是维罗妮卡，也就是我的妈妈。

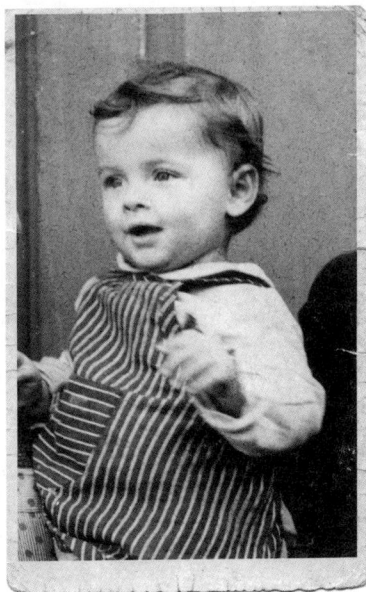

艾莎捡起照片，放进自己为数不多的几件衣服里。这么做很危险，一旦被发现她就没命了。那天晚上，她把照片藏进双层床旁边的砖缝里，从此以后，她每天晚上都会一遍遍地看着它。正是这张照片让艾莎坚守住了自己的人生价值和目标，坚守住了生命中最重要的东西。这张照片让她能够勇敢地面对恐惧，同时也给了她活下去的勇气和力量。

那小维罗妮卡后来怎么样了呢？艾莎被带到奥斯威辛后不久，维罗妮卡和她的妈妈兹拉塔、爸爸约瑟夫、祖母"奥玛玛"，还有姨妈曼西卡一起被关进了劳改营。劳改营其实就是死亡集中营的前身。小维罗妮卡在士兵的看守下生活了两年，在她长到3岁时，斯洛伐克民族起义爆发了。劳改营里的士兵开始射杀营里的人们，维罗妮卡跟父母走散了。为了逃命，她不得不跟着祖母和姨妈一起躲进附近的森林里。随后她们逃到一个农场，在那里，一群陌生人帮助她们藏在谷仓中。这些陌生人跟她们非亲非故，但他们都有着舍己为人的美德，为了帮助别人，他们不畏危险，甚至甘于牺牲自己的生命。然而谷仓毕竟不是久留之地，祖母跟姨妈不得不带着维罗妮卡继续奔命，又一次带着爱的决心踏上求生之旅。奇迹再次发生了，她们被一个女人带进阁楼里藏了起来。在那里，她们跟另外14个陌生人一起藏了6个多月，直到"二战"结束、全国解放才出来。

这就是我家的故事。幼小的母亲那时才3岁，在那种恐怖的环境下跟自己的父母骨肉分离。她的父亲，也就是我的祖父约瑟夫怀抱着再次跟亲人团聚的希望，在森林里亲手挖了个地堡，藏了6个多月。她的母亲，我的祖母兹拉塔，同样怀抱着跟亲人团聚的爱和憧憬，弄到了一份假文件，给一个医生的孩子当保姆，那家人也一样冒着生命危险去帮助别人。战争结束几个月后，姨妈艾莎终于在托波尔恰尼跟家人团聚了。

我的人生就是从这里开始的。这个故事关乎勇气、力量和韧性，它根植于人生目标、意义和价值的统一。它告诉我们，不管面对怎样的人生境遇，我们都要看到自己直面恐惧、选择应对方式的能力，这是我们生而为人的本能。然而，当一个人一出生就经历颠沛流离，骨肉分散，那么焦虑的性情必然会延续下去。我的母亲维罗妮卡就出生在这样的恐怖氛围中，所以我生来就带着焦虑。对于我母亲来说，我其实是她的家长——从一开始，我就肩负起照护的责任。

于是我开始热衷于帮助别人克服焦虑。从小时候起，这一目标对我来说就是一种向往，一种呼唤。高中的时候，我对心理学的热爱体现在我最重要的艺术作品上——一系列描绘儿童情绪的画作。我从此下定决心，要去研究如何帮助别人克服焦虑，构建韧性。上大学时，我研究了许多早期对焦虑症做出贡献的学者，希望在学校开展焦虑症预防项目。2014 年，我创立了"悉尼焦虑治疗诊所"（现更名为"焦虑治疗诊所"），旨在为儿童、青少年及成年人提供焦虑、压力、情绪、行为挑战和创伤性人生经历方面的循证治疗。此外，我还针对企业领导层及团队建立了巅峰表现、韧性及身心健康项目，并针对学校的教育工作者和学生建立了成功学心态及技能。这些工作最终帮我研发出了这套心力训练法，它已经帮助过成千上万的人，不管是私人关系还是职场关系，这种方法都能帮助不同年龄段的人克服担忧、控制焦虑、提升情绪、建立韧性。我很高兴能够在这里跟大家分享这一方法。

Chapter 3

欢迎使用心力训练法

实用、简单、有效的策略助你改变生活

焦虑、情绪低落和压力无疑会对人产生巨大的负面影响，使我们无法过上自己想要的生活。事实证明，心力训练法可以帮助我们克服焦虑并有效地改变生活。在接下来的章节中，我会指导大家学习心力训练法的各个阶段，并教给大家一些简单的策略，帮助大家增强韧性，过上满意、幸福、成功的生活。具体来讲，这些工具和技巧可以帮助您和您身边的人——

·克服担忧、恐惧、焦虑和压力；

·改善情绪；

· 解决睡眠困难；

· 克服冒名顶替综合征；

· 建立情绪韧性；

· 走出舒适区；

· 更好地管理工作或学习中遇到的霸凌行为和具
有挑战性的人际关系；

· 改善亲密关系；

· 直面并克服恐惧症；

· 养成不畏恐惧、更加积极的生活观；

· 提高自信，更加果敢坚定；

· 减少健康焦虑；

· 停止回避行为，感受内心的喜悦和平静；

· 防止陷入倦怠状态；

· 拥抱变化和不确定性；

· 培养毅力，养成成长型心态；

· 进一步明确自己的价值观和人生目的；

· 优化工作效率和职业表现，收获成功。

　　心力训练法的第一步就是帮您揭开焦虑的神秘面纱。我将和大家一起从神经科学方面来研究焦虑。焦虑的本质就是对"担忧的想法"的生理反应，也就是战斗或逃跑的反应。你可以学着把担忧概念比拟为一个欺负你的恶霸，我会为你提供一个心力训练法工具箱，帮你把种种担忧都逼退，一步步接近你总想逃避的那些场合，放弃无用的应对策略。您可以思考哪些价值观才是重要的，并学着使用心灵的力量来摆脱焦虑，养成充满幸福感和成就感的心态。如此一来，你才能为生命中那些真正重要的东西活着，而不是为那些莫须有的担忧活着。

下面让我们一起来探索心力训练法的四个阶段：

第一步：发现那些由战斗或逃跑反应所驱动的想法、感受及行动

你只能改变最初认识到的东西

心力训练法从建立自我意识开始。自我意识的核心是创造出特定的空间进行反思，分析自己的想法、感受和行为是由恐惧、愤怒以及低落的情绪所驱动，还是由自己的目标及价值观所驱动。无论在什么时候，这个具体的方法都可以用来区分有益的想法与无益的想法。

第一步我们要探索：

· 触发战斗或逃跑反应的情况；
· 你在这种情况下的感受；
· 你在这种情况下做了什么。

战斗或逃跑驱动下的反应，也就是你在感知到环境中有威胁时所做出的反应，它可以在出现真正的威胁时达到保护你的基本目

的。当你受到攻击时，最合乎逻辑的行动方案（或许也是唯一的行动方案）很可能就是战斗、躲避或逃跑。所以，身体能够在这种时刻做出战斗或逃跑反应，实际上是一种非常强大而且至关重要的自我保护机制。

但是，当你只是"察觉"到威胁时，实际上你只是在担忧未来或者沉迷于过去，这时候战斗或逃跑反应所引起的情绪、行为和生理体验通常会产生适得其反的作用，对你毫无益处。在察觉到威胁的情况下，你真正想要的是自我意识，然而却总是陷入愤怒、激动、绝望、焦虑和压抑。这本书会帮助你走出战斗或逃跑反应，平息你大脑中被以上情绪所劫持的杏仁体（稍后会详细讲解）以及焦虑或愤怒的反应，并帮你重新规划一条更有益的途径——一条符合你的目标、价值观、情商（参见第 49 页）以及韧性的途径。

第二步：认识你自己的价值观

回顾那些能带给你意义和满足感的东西

下一步就是寻求价值观的自我意识。价值观是指生活中能给你带来意义、幸福感和满足感的成分。价值观驱动的行为跟你想要的生活方向是一致的（跟恐惧、愤怒、焦虑或抑郁所引领的方向则是相反的）。价值观所驱动的行为都是有益的行为，它们最有可能让你过上满意、幸福而成功的生活。在这个步骤，我鼓励大家都来回顾一下生活中最重要的事情，同时思考那些既爱又怕的事情，这样才能看清未来的道路。

第三步：心力训练法工具箱

| **强大且有实效的策略，帮你培养韧性** |

要想经受得住战斗或逃跑反应，重新恢复自己的价值观和人生目标，我们必须培养韧性。在这一步中，我将跟大家分享我的"心力训练法工具箱"，这些行之有效的策略可以帮你提高情商，增强你的心灵力量和幸福感。这些工具能够为你提供助力，帮你找出获得心灵力量所需的技术和策略。

第四步：沿着价值观和人生目标向前迈进

| **我们在意的东西，会一直生长** |

最后一个步骤就是让自己的生活沿着价值观和目标一路向前。明确自己的价值观是非常重要的，然而光明确还不够。第四步中我们要制订计划，有目的地行动。这种以价值观为导向的计划包括以下内容：

　　·您的价值观和目的；

　　·以价值观为导向的目标；

· 以目标为导向的行动；

· 身心健康行动计划。

拥有一个清晰的替代方案可以帮你更轻松地应对担忧的声音，缓解随时可能来袭的焦虑。制订身心健康行动计划则可以从长远意义上增强你的韧性和可持续性。

虽然我们并不能永远掌控局面，但我们有能力来创造缓冲区，去选择如何应对变化无常的情况。在感知到威胁时，我们要拒绝愤怒驱动的解决路径（战斗）或者恐惧驱动的解决路径（逃跑），相反，我们要利用符合价值观和目标的韧性和幸福感策略。

我已经向大家介绍了心力训练法的四个步骤，下面让我们来认识一下我的客户们，他们都通过使用这个方法克服了焦虑，增强了韧性，过上了更加满意而成功的生活。

心力训练法

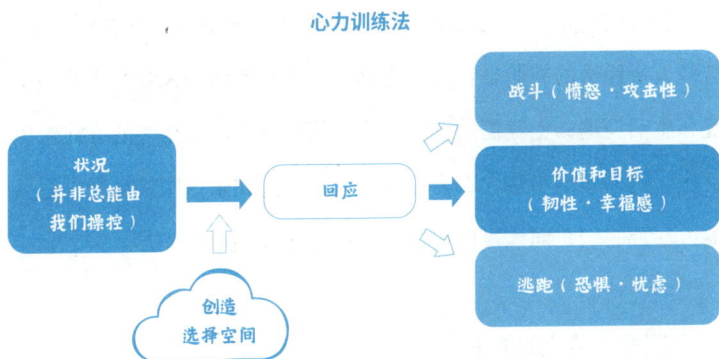

状况
（并非总能由
我们操控）

回应

战斗（愤怒·攻击性）

价值和目标
（韧性·幸福感）

逃跑（恐惧·忧虑）

创造
选择空间

Chapter 4

案例分析

我既在焦虑治疗诊所工作，又在企业担任高阶主管教练，在职业生涯中，我帮助过各个年龄段的人，他们和你一样，都在努力控制焦虑，打造一个满意而健康的人生。在本书中，我们将近距离观察这些人的生活，看看心力训练法是如何在他们身上发挥作用的。这些人所经历的问题是否也让你感同身受？不同的人会有不同的担忧和生活境遇，但我们的大脑和情绪却可以用极为相似的方式做出反应。这些案例中蕴含着力量和希望，因为如果这些策略帮助过其他人，那它们也同样可以快速有效地为你提供帮助。

案例一 麦克的故事

麦克是我的一位客户。他今年 48 岁，是三个孩子的父亲，也是一位企业高管，我曾担任他的指导教练。初次合作时，他的状态很不好，那时他正经历严重的焦虑，非常易怒，压力大，情绪也很低落。麦克希望达成的具体目标是缓解压力和焦虑，改善情绪，提高工作效能，同时增强自己的身心健康。

麦克和他的妻子一辈子都在努力工作，但是随着生活成本的增加，麦克开始担忧自己没有足够的钱来支付将来所需的一切。他的妻子劝慰说他们一定没事的，但他还是感到焦虑，觉得必须更加努力地工作才能有财务上的保障。随着年岁增长，他也开始担忧自己的健康问题。他在网上搜索自己的症状，以确保自己得的不是什么不治之症。为防万一，他开始定期去看家庭医生和专家。

麦克发现，随着时间的推移，他变得越来越焦躁不安，开始更频繁地发脾气，越来越易怒。不管是在家里还是在公司，他都时不时地对人恶语相向，有好几次还对妻子和孩子大喊大叫。他讨厌自己这种冲动不受控的行为，他一直觉得自己是个相当冷静和积极的人，这种行为让他和他的家人感到非常苦恼。于是一到晚上他就喝上几杯来缓解自己的压力，然而他的情绪还是开始逐渐失控，他觉得自己变得越来越沮丧和郁闷，有时候甚至会生出一些黑暗的想法：万一情况糟到无可救药的时候，他该如何解脱。

案例二　艾拉的故事

我遇到艾拉时，她 36 岁，是两个孩子的母亲，企业专业人士。那时的她痛苦不堪，成天忧心忡忡，尤其在晚上。她担忧自己会让家人失望，担心在工作中犯错。她希望自己能够更加坚定和自信，特别是在工作上。虽然她的专业能力一直在提升，但是她总是不停地质疑自己，觉得自己配不上现有的成功。她对自己所做的工作心里没底，担心人们总有一天会发现她其实一无是处。

艾拉还担心不好的事情会降临到孩子的头上。她竭尽全力想做一个好母亲，反反复复去督查孩子，同时又感到内疚，因为工作耗费了她大量的时间，让她无法陪在孩子们身边。艾拉对自己的家非常自豪，她总是辛勤工作，确保家庭环境完美无缺。她总觉得一家老小，事无巨细都得她来操心，然而没有人领她的情。她很少有闲下来的时候，忙不完的家务压得她喘不过气来。她和丈夫的关系很好，但她害怕丈夫根本就不理解自己的工作量有多大。

艾拉的压力非常大，白天根本就抽不出时间去健身房或者做自己喜欢的事情。她感到疲惫不堪，晚上也睡不好。因此，她的情绪每况愈下，对朋友聚会等曾经喜欢的活动也渐渐提不起兴趣。她被折磨得筋疲力尽，一筹莫展，生活变得越来越艰难。

案例三 艾莉的故事

艾莉是名 22 岁的大学生，平时在咖啡馆做兼职，她来到我的焦虑治疗诊所时正经历着越来越严重的自我怀疑和压力。她跟我说自己以前在学校里接触过一些刻薄的女生，曾有过不堪的回忆。现在上了大学，她发现自己在辅导课上越来越累，根本不想回答问题，就怕自己说错什么话让人尴尬。她虽然知道答案，但总是自我怀疑，不知道自己想说的话到底对不对。

艾莉有几个好朋友，然而她在社交场合总是对自己不自信。她在聚会时开始变得越来越焦虑，和朋友出去之前总感觉到有压力。尤其是出去约会的时候更加糟糕，有时候因为担心发生什么倒霉的事，她干脆不出家门。她害怕自己太胖了，没有魅力，总是拿自己跟朋友进行比较，总觉得朋友们更漂亮，更有人缘。她还不停地查看手机，看看朋友们有没有背着她出去玩，而且总是花费大量的时间来确保自己发的动态完美无瑕。

艾莉担心自己找不到一份好工作，害怕生活成本会随着日常开支飞涨。她想把钱花在那些让自己感觉良好的事情上，却又因为负担不起而更加忧心忡忡。她操心环境问题，又觉得世界各地发生的事件会让自己的未来不安稳，这些都让她感到茫然无助。

案例四 亚当的故事

当我遇到16岁的亚当时，他还是个高中生，正因为考试和作业而承受着巨大的压力，焦虑不堪。他担心自己考试不及格，在写作业或上课的时候总是很难集中注意力。因为总是想着那些可能出错的事情，他晚上很难入睡。他越是着急，就越是焦虑，也就越是害怕自己做得不够好。

尽管他也想好好学习，但还是忍不住一拖再拖。他花费大量的时间来玩社交媒体、打游戏，但就是不想学习，因为只有游戏和社交媒体能够减轻他的压力。亚当知道自己必须做什么，也知道怎么去做，但他就是控制不住自己。他觉得上网是一种很有效的逃避，网上的人跟自己聊得来，因而他越来越无法自拔。这种生活让他再也不想出门，该干的事情也干不完。晚上睡得越来越晚，这就意味着第二天他总是筋疲力尽，这反过来又进一步影响了他对学习和生活的专注。他的成绩也开始下滑，这无疑又给他带来额外的压力，让他在困难的旋涡里越陷越深。

亚当在家时很容易变得情绪激动，因此跟父母发生了不少摩擦。他的爸爸妈妈完全蒙了，根本不知道该如何是好。他们不知道究竟哪里出了问题，因为儿子以前是很好带的。他们需要一些实用的策略来帮助亚当顺利读完高中，过上更快乐的生活。

案例五 卢克的故事

11 岁的卢克在父母的陪伴下来到我的焦虑治疗诊所，让我帮他克服怕狗的问题。虽然他并没有真正遭遇过被狗咬的可怕经历，但对狗的恐惧却随着时间的推移逐渐升级。卢克和他的父母跟我说，凡是有可能碰到狗的地方，他都不会去，比如，公园或者沙滩。如果看到对面有只狗走过来，即便拴着狗链，他也会逃到路对面去。他从来不到有狗的朋友家去，他的父母只好邀请那些朋友到自己家里来。

时间长了，卢克越来越怕狗，甚至一本书里如果会提到狗，那他干脆连那本书都不读。他对狗的恐惧和逃避已经达到了极限，哪怕有人提到"狗"这个字，他都会感到焦虑，以至于最后连走出家门都要思考再三。卢克有时候不得不随身带一个水杯或者一根棍子，这样万一被狗追，他还能用这些东西来还击。据他父母说，卢克专挑新闻中的烈犬伤人故事来读，这让他一直深陷恐惧之中。只要不接触狗，他就觉得很安全。有时候晚上做噩梦被吓醒，他就来到父母的房间，跟他们再三确认他即将参加的派对或体育赛事不会出现没拴绳的狗，不管这些活动是在公园里还是在别人的家里举办，都得确保没有狗到处乱跑。卢克的恐惧已经影响到全家人的日常生活，他的父母也焦头烂额，完全不知道该如何是好。

也许你和你的家人会对麦克、艾拉、艾莉、亚当和卢克的故事感到几分似曾相识。虽然人们各自担忧、焦虑和感到压力的具体事物和经历并不相同，但这些问题产生的方式是相似的。因此，无论我们经历的焦虑、担忧、情绪低落以及压力是轻度、中度还是重度，我们都能够识别出来，然后采取连贯的策略，发挥强大而积极的作用。

好消息是，麦克、艾拉、艾莉、亚当、卢克以及他们的亲人都学到了非常有效的方法来增强心灵的力量，你也一定可以的！

————

在接下来的章节中，我们将学习心力训练法的四个步骤。你将学着去过你所选择的而非被担忧所支配的生活。期待陪你走过接下来的每一步。让我们一起加油！

第一步

—

发现那些由战斗或逃跑反应所驱动的
想法、感受及行动

Chapter 5

焦虑是什么？

焦虑是对感知到的威胁做出的生理反应

　　随着焦虑症在我们的社会中变得越来越普遍，人们迫切地需要摆脱担忧、压力和恐惧，过上更加幸福和充实的生活。现在你也知道了，家族的苦难和勇气，让我锻造出一种发自内心的使命感，去帮助人们缓解焦虑，培养精神力量。但是，当我们在谈论焦虑时，我们究竟在谈论什么？

　　焦虑是一种基本的生存机制，从原始时代起就一直伴随着我们。那时的生活很简单，周围的事物非敌即友。所以当时最重要的事情就是保护自己，保护部落，跟今天没什么两样。人类一旦遇到危险，比如，人群中出现个劫匪，就会触发压力反应，开始准备逃跑、躲藏或战斗，从而实现自我保护，避免生命受到威胁。这种保护机制至今依然跟原始时代一样在我们的身上根深蒂固。我们可以利用这种精妙的机制去预测迫近的危险，并做好应对准备。拥有预测的能力，并保证环境具有确定性，才能达到保护的目的。

假设你是住在洞穴里的原始人，走出山洞时无法看到拐角后面的状况，那里说不定潜伏着什么东西，随时准备突袭你。这时大脑就会充当对这一切做出预测的工具，从而确保你的安全。问题是，现实生活中的我们处在一个充满不确定性的混乱时代。这个世界无时无刻不在变化，那种能够看穿整个生命进程的时代已然成了过去时。人们再也不用考虑遇到老虎或鳄鱼时该战斗还是逃跑，你需要考虑的是在遇到不确定的事物时该战斗还是逃跑。

你正身处拳击台上……
你究竟在对抗什么？

不确定性

难就难在这里。为了应对生活中不确定的东西，你会经历一个心理过程，而这个过程最终会产生与预期目的相反的效果。这个心理过程就是"担忧"。

"担忧"就是纠结于某些"万一"会发生的情况。"担忧"就是对威胁的感知——它让人总是聚焦在所有可能出错的事情上。"担忧"代表的是人们对压根就不存在的确定性所进行的锲而不舍的追求，而这就是问题所在。与其活在不确定的事物给人带来的不适中，人们宁可去挣扎、搏斗，奋力争取确定性，或者干脆选择逃跑。总之，大脑本来就跟不确定的事物水火不容。

触发战斗或逃跑反应的，并不只有真实的威胁，还包括人们所感知到的威胁，即"忧虑"这一想法本身。就像面临真实的威胁一样，你的大脑同样会让身体做好战或逃的准备。担忧会导致血液中的肾上腺素和皮质醇激增，正是这种神经化学反应才让你体验到焦虑或压力。它可能会让你呼吸加快，心跳过速，或者感到恶心，甚至头晕目眩。然而你的敌手并不是真实的威胁，而是忧虑，它霸占着你的大脑，对你发号施令，让你对将来可能发生的所有坏事忧心忡忡。

如果……

担忧是你在感知到威胁时为了获得确定性、掌控感和安全感而对周围的世界进行保护、预测以及塑造的固有愿望。不确定性，也就是那些"万一"会发生的状况，则是你的"超级"威胁。哪里有不确定性，哪里就有发生糟糕事情的可能，所以你会去对抗它，奋力去摆脱它——你会采取各种各样的心理及生理行为来避开它。让我们来研究下面的案例，看看他们是如何与不确定性做斗争的。

案例分析

艾拉和艾莉都因为不确定别人对自己的看法而苦恼不已。艾拉总是顾虑自己的家人和同事是否会对自己有负面的评价。她把不切实际的完美主义标准套到自己的身上，因为一旦完美了，就没有什么是不确定的。

艾莉因为不确定别人在社交场合对自己的看法而苦苦挣扎。她害怕别人说她胖，说她丑，说她跟其他人格格不入。她尤其害怕脸红，因为她担心别人会以负面的方式来评价她。出于对不知道别人在想什么的焦虑，她开始去猜测别人的想法，从而为自己创造出更强的确定感。然而即便如此，她对确定性的渴望依然没有减轻——这样就把她卷入了担忧的旋涡。

亚当也同样受到不确定性的摆布。他感知到的威胁，或者说他心中的"老虎"，就是对失败的恐惧，或者对功课出错的恐惧。他三番五次尝试去预见考试可能带来的后果，然而这些尝试不但没能让结果变得清晰，反而让他陷入了焦虑中。

麦克的生活也有类似的烦恼，对不确定性的恐惧在他的生活中肆虐。他既担心自己的财务状况，又担心身心健康问题。其实并没有什么真正的威胁将要到来，他所忧心的只是一种感知到的威胁，是对未来可能发生的坏事所产生的恐惧。为了降低生活中的种种不确定性，麦克不厌其烦地上网查看有关疾病的症状，以确保自己的身体没有问题；同时不停地查看股市行情，免得做出什么愚蠢的决定。因为害怕决策失误，他干脆不做任何决定了。他对不确定性的恐惧导致他陷入了一种惰性，在他看来，这种惰性是很难摆脱的。

不确定性也同样威吓着卢克。他害怕拐角处猛地窜出一条狗来咬他，也害怕那些体形较小的狗会突然扑上来撕咬。他一而再，再而三地让父母保证坏事不会发生。他必须确切地知道自己和家人是安全的才肯罢休。

大脑如何回应担忧？

大脑把担忧当作真实的威胁来做出反应，就好像你的身后真的有老虎在追赶你、把你逼退回山洞一样。由此一来，负责思想、信念以及感知世界的前额叶皮层就跟大脑边缘系统中的杏仁体建立了联系，告诉你危险的的确确正在发生。

随着战斗或逃跑的原始应激反应被触发，人类的生存机制开始超负荷工作。你的大脑被杏仁体"劫持"了——杏仁体正是大脑中负责让身体进行自我保护（战斗或逃跑）的部分。你已经被焦虑、愤怒和压力所控制，无法再进行正常的思考了。

你有没有经历过在承受极大压力的情况下，有人劝你"冷静下来"？那一刻你是怎么做的？人在那种情况下一般是很难冷静下来的，对不对？这就是杏仁体劫持在起作用。杏仁体让你的身体做好准备，要么突袭，要么逃走。在那一刻，大脑是不会对"冷静下来"的理性判断做出反应的——它想的是，一旦冷静下来，眼前的威胁就会立即袭来。我们都有过这样的经历，这也是生而为人的一部分，是完全正常的。在那一刻，杏仁体想要的就是自己的声音被听到。它是来保护你的，如果它的声音没有被听到，反倒被命令关掉警报，那么它的声音只会变得更响。

前额叶皮层

杏仁体劫持

为了让你警惕潜在的危险，你的血液中会涌入大量的神经化学物质，例如肾上腺素、去甲肾上腺素和皮质醇等，它们会调节你的身体，做好战斗或逃跑的准备。这种神经化学物质的涌动效应就是你所经历的焦虑或压力。

在这种时刻，杏仁体劫持的问题在于，你在跟感知到的威胁做斗争，而不是在跟真实存在的威胁做斗争。实际上，你是在跟忧虑做斗争，因此激增的肾上腺素、皮质醇和去甲肾上腺素除了在你的血液中呼啸而过，毫无用处。

但是杏仁体并不是我们的敌人。它有点像那些烦人的汽车警报器，总是在不需要的时候响起；它也有点像一个不时给你出馊主意的朋友。你得知道何时不应该被它牵制住，并且识别出它是个误报。这个时候你就需要拥有自我意识的能力，你得有工具和技术来关闭这些警报，并继续完成你想干的事情——这些事情我称之为"内心驱动"的有目的的行动，而不是被恐惧所驱动的反应。

焦虑在体内的感觉是怎样的？

开发自我意识的一个重要的起点就是去认识并了解身体的焦虑感。重要的是要意识到焦虑本身并不是敌人，相反，在面临真实的威胁时，它是一种非常有用的生理反应。

这些生理体验会以不同的方式呈现。虽然它在你真正需要的时候很有用，但当它只是因为一个不好的念头，或者被坏事发生前那种难以描摹的感觉触发时，那它可能只会让人觉得不舒服，很可怕，甚至非常恐怖。当你的体内有那么多肾上腺素无处可去的时候，它可能会让你的身心都感到痛苦和压抑。

当忧虑把信息发送给杏仁体时，反应就开始了。血液里的肾上腺素激增，你的心跳迅速加快，你的呼吸也因此加速，变得急促。这使得血液可以泵入大肌肉群里为它们供氧，这样你才能更有效地战斗或更快地逃跑。当血液流出周边神经系统，流向大肌肉群时，你可能会发现手指和脚趾都有刺痛感。随着血压升高，你可能还会感到眩晕或者头重脚轻。

　　此外，由于血液从你的胃部涌出，急速流向胳膊和腿，你的胃里或许会像有只蝴蝶在上下飞舞一样，让你觉得忐忑不安。消化系统因为要节省能量而无法有效地工作，因此你也可能会出现腹泻。血液里的化学物质还有可能让你想小便，因为这样有助于帮你"减轻负荷"，让你可以灵活地站立，更加敏捷地战斗或逃跑。你的肌肉也会变得紧张，这样你才能随时猛扑上去，或在受到攻击时保护自己。当你的肌肉收紧时，甚至有可能发生紧张性头痛。

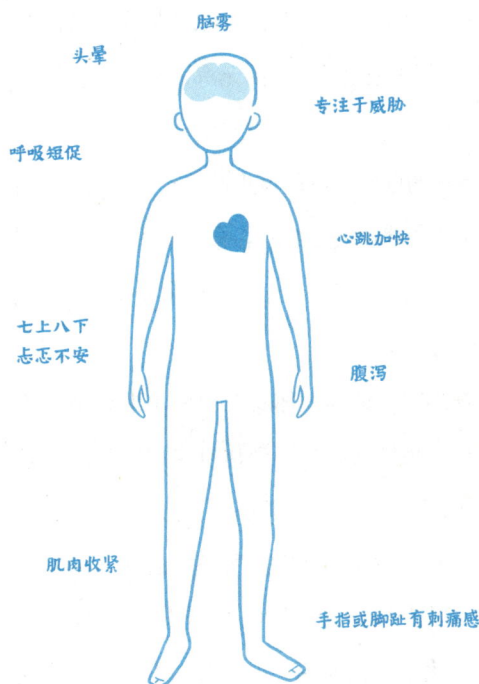

脑雾

头晕

专注于威胁

呼吸短促

心跳加快

七上八下
忐忑不安

腹泻

肌肉收紧

手指或脚趾有刺痛感

当你被杏仁体劫持的时候，就会被封锁在交感神经系统中。交感神经系统被激活时，皮层下的大脑结构就会准备好去越过前额叶皮层，让你按照本能做出反应。大脑皮层，即大脑中负责理性思维和信念的结构，就会变得难以接近。这就是很多人在焦虑时会经历"脑雾"的原因。当你感到焦虑时，是否觉得自己无法进行正常的思考？在面临真实威胁的情况下，这是有道理的，因为当你在面对生死存亡的时候，最不想看到的就是自己的头脑被那些无关紧要的想法填满。比如说，当你正在被一只老虎追赶的时候，如果你还专注于"今晚穿什么衣服去参加聚会"，或者"我该为家人准备什么晚餐"之类的想法，那你可就凶多吉少了。如果你的大脑在这种时刻变得杂乱无章，那你自己很可能就要变成别人的晚餐了！

所以，当你的前额叶皮层停止运行时，你就很难再进行清晰的思考。你开始进入战斗或逃跑的心态，理性思维和思考能力开始变得很有限。有时候人们甚至会觉得自己快要发疯了，或者"失去理智了"。

要想理解其中的道理，你就要明白焦虑只是你的身体把感知到的威胁（一个担忧的想法）当作真实的威胁（一只老虎）而做出的反应，而原始的生存神经机制只想让你进行战斗或逃跑。交感神经系统以及战斗或逃跑反应所产生的神经化学物质，跟副交感神经系统中具有镇定安神作用的神经化学物质是互相排斥的。从基本的神经化学层面来看，这些镇定性的物质包括：催产素，一种负责依恋和凝聚力的激素；褪黑素，负责入睡的激素；血清素，负责保持冷静并放松身心的激素。而此时这些化学物质都无法被释放了。

当你的大脑将你封锁在交感神经系统中，而催产素也不再分泌时，你就无法建立具有凝聚力和相互连接的关系。相反，你可能更加倾向于脱离关系，或者变得易怒，总想回避，好争论、好斗。

另外，随着负责入睡的褪黑素不再分泌，你也就会变得很难入睡，或者一醒来就再睡不着。（试想一下，如果你正在被老虎追赶的话，最不想做的事就是坠入梦乡或者坠入爱河！）相反，血管中的肾上腺素和皮质醇让你时刻保持清醒。当你的睡眠质量恶化时，你就会想远离他人，这样你的人际关系就会变得破裂，你也随时会因为过于激动而情绪崩溃，堕入消极的旋涡。

好消息是，你可以学习在杏仁体劫持发生时如何去摆脱它。我可以为你提供策略，让你在关键时刻以最好的方式来帮助自己和所爱的人。

对与威胁相关的信息过度警觉

让我们来看看另一种因担忧而出现的生理反应。你的大脑会专注于让你感觉受到威胁的东西——这就是"对与威胁相关的信息过度警觉"。这就意味着战斗或逃跑反应会让你聚焦于威胁的来源，你会对让你感受到的威胁的所有相关信息都保持高度关注——这样你才能确保自己不会漏掉任何可能伤害你的东西！问题是，如果你受到的威胁来源于"担忧"这个想法本身，那么你就会发现自己的注意力一直集中在这些想法上，头脑很难平静下来。

让我们找个例子来说明日常生活中对威胁的过度警觉。设想你正在丛林中散步，你会在周围看到什么？也许有鸟儿、树木，还有昆虫。你在周围能听到什么？或许能听到树叶或树枝在脚下发出的声响，或许还有风声以及野生动物的声音。你在周围能够闻到什么？或许是新鲜的空气或者潮湿的树叶味儿。

就在这一刻，你突然发现前方离你1.5米处有一条红腹黑蛇。现在你能看到什么？没错，那条蛇！现在你能听到什么？没错，那条蛇！现在你能闻到什么？没错，还是那条蛇！

你所有的感官都集中在那条蛇身上，这是为什么呢？因为这条蛇会对你造成威胁，而你的大脑就是为了专注于应对危险而设计的，这对你的生死存亡至关重要。

问题是，你的大脑把忧虑想法本身以及感知到的威胁都当作真实的威胁——像那条红腹黑蛇——来做出反应。它只聚焦于忧虑的想法，以及跟这种想法相关的所有信息。难点在于，之后你会更加关注坏事，换句话说，你的想象力将超负荷运转，即便你没有任何实质性证据，你依然会觉得坏事正在发生。

再举一个例子，假如说你害怕蜘蛛，那么当你走进一个房间时，你就更有可能会扫视房间的各个角落，或者在收听新闻时更加留意跟蜘蛛相关的报道。这样做的后果是，你会觉得跟蜘蛛有关的坏事发生得更加频繁，由此陷入恐惧之中。

下面来想一想，"对威胁的过度警觉"对我们案例中的主角产生了怎样的影响：

案例分析

任何表明自己可能被排除在某些社交活动外的迹象，或者在聚会上有人没有对自己微笑，艾莉都能够敏锐地觉察到。于是她开始怀疑自己，在脑海中编造出各种各样的故事来猜测别人在想什么，这样也就不可避免地炮制出各种负面故事，比如朋友们觉得她很丑、很胖、一无是处，等等。因为艾莉不可能知道别人究竟在想什么，所以不得不根据可用的感官线索进行猜想。现在我们已经知道了，这里的问题在于大脑天生就会专注于那些可能威胁到我们的东西，所以艾莉才会误解那些模棱两可的线索，比如，看到有人在小声地交谈，她就觉得人家是在谈论自己。

对于具体的恐惧症来说，对与威胁相关信息的过度警觉会表现得非常明显。卢克对狗的恐惧会让他的大脑异常亢奋，一看到有关被狗袭击的新闻或故事，他就会立刻警觉起来。他一到公园里就四处查看有没有狗，就算是很远的地方有一只小狗，他都能立刻注意到。当朋友们在聊天时提到了狗，他的耳朵马上就会竖起来。在电脑上或电视上看到狗的时候，和他的家人不一样，他会觉得狗的面部表情更具有威胁性、更愤怒。他甚至连带着不喜欢棕色，因为棕色会让他联想到狗。

对威胁的过度警觉也给麦克的健康焦虑带来了新的问题。他的大脑会敏锐地觉察到身体发生的任何一种生理变化。他开始定期检查，确保没有不良情况发生。如此一来，身上一旦出现新的伤痛、突起物、斑点或者异常感觉，他立刻就能注意到。和卢克一样，麦克也对新闻中的所有负面报道很敏感，比如，癌症相关的新闻，或者环境中的某些污染物让人更易染病的报道，这些也加重了他的恐惧。他定期上网查看自己的生理感觉是否预示着某种灾难性的疾病。疑虑无时不在，而过度警觉则加剧了疑虑的程度。

消极偏见

　　大脑程序的另一个挑战就是我们固有的消极偏见。人类不是特别积极的思想者。想一想原始时代的事物，要么就是我们的朋友，可以维持我们的生命；要么就是我们的敌人，会要了我们的命。我们的大脑天生就会找出消极因素，从而保护自己。我们不会特别留意到田野上的蝴蝶，但我们一下子就能注意到灌木丛中潜伏的老虎。我们至今依然拥有大致相同的神经线路——在模棱两可的情况下，人类会更倾向于消极地解读线索，继而触发原始的察知威胁的本能。

　　消极偏见在各种不同的情况下发挥着作用。例如，当您需要进行工作报告，或者即将参加考试，或者要去参加某项重大活动的时候，它就会凸显出重要性。人类的大脑天生就专注于结果——但结果并不总是像我们所期望的那样美好。我们看到的可能是伤害，是批评，是失败。

但我不是应该积极思考吗？

有没有人曾经对你说过："别那么消极嘛！你为什么不能只看好的一面呢？"这话听起来是不是很熟悉？你可能还读过那些自助类书籍，指导你如何通过自我暗示变得更加积极。这些东西有效吗？偶尔也是有的，这时候你会间歇性地充满希望，对自己说："好吧，以后我一定要尽量做到积极思考。"于是你非常努力地练习起来，但结果怎么样呢？你开始担忧起来了。你对自己说："加油！这次我一定要考好！"然而担忧却对你说："算了吧，你考不好的。"你回答说："会的，会的，我一定会考好的！"可担忧又说："但是，假如你考不好怎么办？"为了安心，你去问亲戚，问朋友，问父母。因为怕出差错，你开始对工作万分小心。就这样，那个螺旋解开了——你被担忧给捆住了。

实际上，积极的思考本来就跟我们的大脑背道而驰。人类天生就不积极。你想逼自己把负面的、担忧的硬往积极的、欣喜的方向去推，以此来缓解消极的情绪，但结果往往会让你失望透顶。这种思路基本上毫无用处。

相反，它会让焦虑变本加厉地袭来。它让你的注意力集中在所有可能出错的事情上，然后你就开始心乱如麻，觉得坏事已经迫在眉睫。就这样，你和担忧一起登上擂台，结果注定是你会越陷越深。对于缓解眼下的焦虑和压力，它或许还有点作用，然而焦虑这种东西有一个特点，那就是反反复复，卷土重来。我们可以称这种积极心理为"安全行为"（safety behavior，我们在第 12 章再详细讨论它）。安全行为跟其他的练习策略不同。某些策略会把精力集中在值得感激的事情上，这是强大且有意义的，是有科学依据的情绪推进器（关于"感恩"的详细描述请参见第 208 页和第 255 页）。

案例分析

消极偏见在亚当的身上体现得尤为明显。他的家人都很看重个人成就，他自己也真心希望取得成功，但他总是害怕自己做得不够好，一想到做作业和考试就忐忑不安。他只看重结果，所以很容易就联想到自己僵在考场上的场景。他觉得自己的作业又难又枯燥，不管他怎么努力都不能让老师满意。这样一来，每次想去写作业时，他的眼前都会生出一堵墙来。他的大脑已经对结果做出灾难性的预判，所以他总在想方设法地逃避。

艾拉不论是在家还是在职场都对自我认知存在强烈的消极偏见。她强烈地感到自己会失败，她坚信自己是个职场上的骗子。尽管这些年来她不断地升职加薪，也得到了他人的积极肯定，然而她还是觉得自己就像个大学生一样，根本配不上那些表扬和成就。她只看得到自己不好的一面，害怕将来有一天会一败涂地，她对这种想法已经坚信不疑了。焦虑的典型模式之一就是"消极偏见"，而艾拉无疑已经陷入了这个恶性循环，由此出现一种叫作"冒名顶替综合征"的现象。这种焦虑问题因恐惧而起，总觉得自己不够好，惧怕别人对自己做出负面评价。

回想一下，你的脑海中是否也浮现过这样的想法，你的内心是否也常常有一种声音，提醒你自己不够好？你是否曾经被它说服，开始觉得自己是个骗子，不配遇上什么好事？对于一个内心有爱的人来说，这种经历并不罕见，在第 22 章里我会跟大家分享一些策略来对抗这样的批评声音。

焦虑和恐惧有什么区别？

常常有人问我焦虑和恐惧有什么区别。恐惧只有在你所面临的威胁是迫在眉睫的，危险的来源是已知的，并且需要立刻对抗危险或者逃离危险时才出现。例如，你在开车时，看到另一辆车突然失控，这时大脑会产生一种冲动，让你立刻采取特定的措施，而恐惧感会让你加速动作。而焦虑是对一种模糊的、未知的威胁所做出的反应。这种紧张或担忧的情绪状态持续的时间更长，让你始终对未来可能存在的威胁或危险保持警惕。

Chapter 6

理解焦虑

把焦虑变成你的朋友，让自己获得自由

现在我们已经更深入地了解了焦虑的神经科学，明白它在紧急时刻是一个至关重要的朋友，所以我们并不想去仇恨焦虑。我们需要去了解它，尊重它，在它让你情绪激动时去利用它，从而有效地保持警觉，做出回应。

归根结底，焦虑的目的是帮助你集中注意力，并为接下来的行动攒足力气。焦虑是一种深层次的保护欲望，普遍存在于每个人的身上，心思细腻的人更容易焦虑，因此我们应该认识到焦虑是一把双刃剑。焦虑可能会让人感到不舒服，不过这也正是它存在的目的——它激励你去采取行动，消除那些让人不愉快的感觉。比如说，当你手中的工作项目正处于冲刺阶段，你可能会感到非常焦虑，但当这个项目结束后，焦虑感就消失了。因此，焦虑本身是非常重要的，它是一种促使你保护自己并完成任务的生理反应。

其实，纵观人类历史，你会发现那些被老虎吃掉的都是不怎么焦虑的人——这也许是现在的人类容易焦虑的另一个原因。我们都是幸存者的后代，我们的先辈拥有一颗活跃的杏仁体，这让他们得以生存下去，得以繁衍后代。简单概括来说，我们可以把自己看作神经质猿类的后代，因为那些无忧无虑的乐天派猿类都被剑齿虎吃掉啦！

当你能够察觉到体内的焦虑感，并且知道它们是在试图保护你时，你就不会为自己的焦虑而感到焦虑了。

当你处在受威胁的情况下，准备自卫或逃跑时，这时候贯穿你身体的感觉都是有意义的。然而你如果不了解这些感觉是什么，那么你就可能会以为有什么坏事正在发生，继而觉得自己需要想办法避免这种情况，或者保护自己。

还有一种情况是，这些感觉让你以为自己的体内正在发生灾难性的病变，这样你就会因为焦虑而焦虑，恐慌症（panic attack）就是这么发作的。这些可怕的感觉在你的体内翻腾，虽然这些感觉都是良性的，但你还是会想：

　　·我不喜欢这些感觉；

　　·这些感觉让我感到害怕；

　　·它们的存在说明我的身体正在发生可怕的变化；

　　·它们肯定是说我就要死了。

场景

↓

感知到的威胁

↓

战斗或逃跑的
冲动

对感觉的灾难性
解读

对感觉的灾难性
解读

战斗或逃跑的
冲动增加

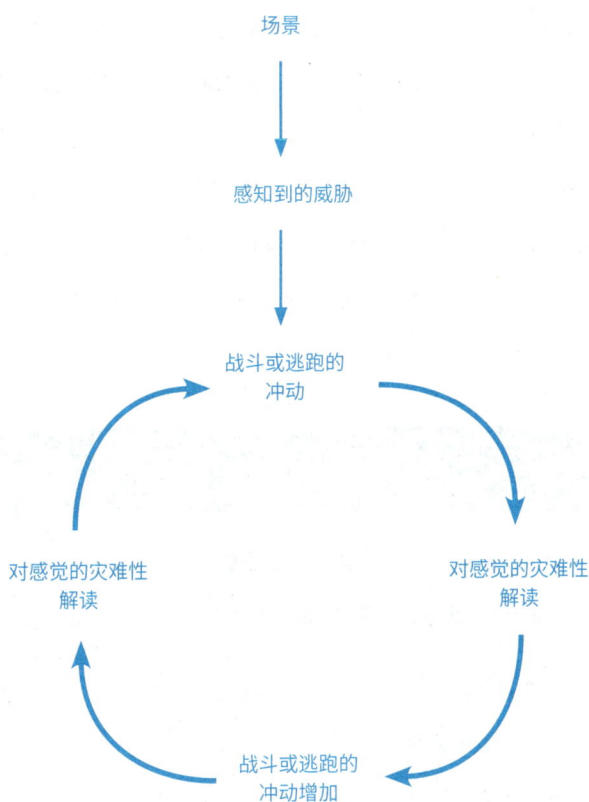

　　现在，你不能肯定地说没有坏事发生，这一点你永远都无法确定。但是当你开始跟不确定性所带来的不适感达成和解，并以自我意识来回应这种体验时，你就能对焦虑的体验建立更大的接受度，让自己摆脱战斗或逃跑的反应，这样做的结果就是绕过恐慌循环，让自己感觉更好。

　　所以对战斗或逃跑反应的了解就变得至关重要。请记住，杏仁体——或者说战斗或逃跑反应的指挥中心——是一个时不时给我们出馊主意的朋友。你可能有过这样的体验，当你处在巨大的压力之下时，杏仁体感觉像是在超速运转。而你的心灵力量实际上来自你选择应对的方式。

这就是心力训练法的精髓所在。除了培养对担忧、焦虑和恐惧的意识，以及对价值观、目标和行动的意识，还有一个工具箱帮你培养韧性。只要遵循这些步骤，战斗或逃跑反应就会败退下来，而你自己的力量则逐渐占据上风。

心力训练行动

探索你的焦虑感

回想一下最近让你感到焦虑的经历：

· 当你感到焦虑时，你正处于怎样的状态下？

· 你当时有哪些想法？

· 现在仔细回想那些焦虑感，它们当时在哪些身体部位有所呈现？看看你能不能清楚地说明。

· 你是否能用文字来描述当时的体验？

· 你是否能用自我意识进一步探索那些感受，对它们做出更深的理解？

现在在一张纸上画出自己的轮廓，给出现焦虑的身体部位涂上颜色，然后用文字描述那些体验，这样做是很有帮助的。在这个过程中，尝试用仁慈、爱、欣赏和关怀，而不是憎恨、挣扎或对抗来回应这些感受，看看自己是否做得到。下面开始通过呼吸来感受那些体验，试着留意、观察它们，允许它们存在，并学着了解它们。

从现在起试着改变自己跟焦虑的关系，看看是否可以跟它交朋友。当你不再把它视为一种威胁，不再因为焦虑而焦虑时，你就已经踏上了自由之路。

从威胁感知转变为积极行动

除了理解焦虑，人在特定情境下所体验到的情绪主要取决于对情境的感知。你的注意力是集中在威胁上还是集中在自己的价值观以及目标上，决定了你的肾上腺素反应，这些反应推动了之后的行动，从而为你带来完全不同的情绪体验，而这些情绪体验又有积极和消极之分。

例如，某种特定的情境可能会让你感受到威胁，这是由一连串忧虑驱动的，因为你总觉得将来会有不好的事情发生，由此触发杏仁体劫持以及消极的焦虑体验。工作中的某个项目或许对你就是一个威胁，因为你可能总是感觉"不够好"，害怕负面的结果，各种忧虑不断，比如：

· 如果失败了怎么办？

· 如果做得不够好怎么办？

· 如果他们拒绝我的提议怎么办？

这些忧虑可能会导致你在工作上一拖再拖、不想面对、心烦意乱,从而带来糟糕的结果。反过来,同样一种情境,你也可以把它看作真心向往的目标,从而为它努力打拼。你可以专注于自己的努力,做好自己擅长的事情,这样反过来也可以推动你采取积极的行动。面对同一种情境,你的想法也许可以转变为:

·这是个令人振奋的机会;

·我会尽自己最大的努力;

·眼下的处境既是挑战,也是有趣的体验。

在这种情况下,推动你行动的能量和动机就有可能为你带来积极的情绪体验,比如更有自驱力,更有热情,更有兴趣。

焦虑这种有益的、有激励作用的目的通常会被消极情绪所掩盖。你对情境的认知方式决定了你的情绪是积极的还是消极的。通常情况下,适量的肾上腺素加上对价值观以及目标的关注有助于提高绩效,达到更积极的情绪状态。兴奋可以产生一定程度的唤醒作用,让人高度关注某个项目,拥有一种得心应手的体验。在真正需要完成某件事时,焦虑的这种激励作用是很有帮助的,它具有适应性,在某些时刻是至关重要的。

不同的情感体验可能会有如下表现:

·如果你依靠他人来完成某项任务,然而最终事情没有按时完成，那么你可能会感到愤怒、激动或沮丧；

·如果你有很多事情需要处理，但没有时间去做，你可能会感到苦恼、烦躁或绝望；

·如果你的战斗或逃跑反应是由想排斥或者逃避的东西而驱动的，这些东西让你反感甚至厌恶，那么你就可能会有一种恶心的情绪；

·如果你的战斗或逃跑反应是由于感知到潜在的羞辱或失败而启动的，那么你就可能体验到一种内疚或羞愧的情绪；

·不管怎样，焦虑都可以为你的行动提供肾上腺素，而导致过度焦虑的是你的心态——这就要看你的注意力是集中在威胁上，还是集中在你的具体目标上，此外还要看你在特定时刻如何看待身边的情境。

心力训练法的精髓就在于摆脱威胁感知，转向目的、价值观以及目标。例如，一个人总是为自己的健康问题感到焦虑，心力训练法就是要让这个人不要总担心将来会有坏事发生（否则会导致消极偏见、过度检查以及对威胁过度警觉），而要以目标为导向，采取行动解决问题，从而保持健康、平衡的生活方式。在职场上，心力训练法可以帮助员工停止担心未来可能出现的问题，从而认清企业的战略方向，使整个团队在企业价值和目标上保持一致。

心力训练行动

让注意力从大脑转移到心灵

也许这两天你开始有些难对付的念头，也许有个批评的声音对你说，你不够好，你会吃闭门羹，这个时候你要试着把注意力从大脑转移到心灵上来：

· 看看能不能回忆起脑海里一直挥之不去的烦恼。你是否尝试过跟这些想法做斗争？你是否尝试过阻止、摆脱这些想法？也许你发现那个烦恼已经像雪球一样越滚越大，把你拖进去了。

· 现在试着把注意力从大脑移开，不要再去胡乱猜测、质疑别人、怀疑自己，不要再让大脑里上演那些莫须有的恐怖故事，从现在开始关注自己的内心。你希望往哪个方向行动？这就是心灵的驱动。

· 你是否能想象一些根据心灵的指引而采取的行动（比如那些能够自我掌控的、果断而自信的行动），而不是因为恐惧被迫采取的行动（比如过度的自我检查以及取悦他人等）。

在本书后面的章节里，我会跟大家分享一个心力训练法工具箱，帮助你真正掌握其中的要点。现在，希望你能够探索自己的过往经验，注意在那一刻所表现出的情绪是否有差异，以及因恐惧而采取的行动和听从内心的召唤而采取的行动之间是否有差异。

心力训练法的前提是你可以创造一个空间，让自己的注意力从忧虑和感知到的威胁（这些想法只存在于你的脑海中）转换到你的心灵空间，也就是那些能让你感受到自己的价值，能让你觉得生活有意义、有目标、有成就感的东西上来。你体验到的那些让你担惊受怕的想法，会让你尝试逃避和远离那些可能会发生的坏事，但由价值观驱动的心灵空间则会将你拉向你内心理想中的方向。这并不是尝试摆脱忧虑，那么做只会让那些忧虑来得更加强烈。这是在培养一种能力，让你能够留意到忧虑的存在，承认它们，甚至向它们问好，然后重新聚焦于自己的价值观。

情商是什么？

情商是对自我及他人情绪的认知。它是一个人调节自我情绪的能力，这种能力让你能够在遇到挑战时保持冷静，不会被忧虑、愤怒以及杏仁体劫持带入歧途。情商是你评估现状、调整行为以及有效回应的能力，它确保你的所作所为跟自己的目的、价值观和目标保持一致。情商能让你了解自己的感受，知道自己的情绪意味着什么，这些情绪会对他人产生怎样的影响。这种能力让你能够恰当地调整自己的情绪和行为。

案例分析

麦克正经历着严重的情绪问题，他成天忧心忡忡，已经被恐惧所驱动的行为给淹没了。比如，他总是一遍又一遍地检查自己的工作，总是在事后怀疑自己最初的做法。他的思维飞速运转，晚上很难入睡，而且经常在凌晨3点左右醒来，一醒来脑子里就思绪万千，并且间歇性地处于恐慌状态。这些经历使麦克情绪低落，常常感到焦虑、激动，而且具有攻击性。

麦克发现自己一反常态地暴躁。他控制不住自己的愤怒，不管是在职场还是私人空间，他的导火索在很多场合都会被触发，让他不知不觉地对身边的人开火。他觉得自己已经无法控制自己的情绪，这也逐渐让他无法有效地参与到生活和工作中来。在行事前的一瞬间进行反思、保持冷静其实是非常难的，情绪越是占据上风，他就越感到疲惫和错乱。

情绪低落、压力巨大、焦虑、激动等，这些都降低了麦克的情商，影响了他在职场和家中跟人进行互动。他意识到情绪的爆发让他很难按照自己喜好的方式生活。这些负面情绪正一点点地侵蚀着他和妻子及孩子之间最宝贵的家庭关系。麦克非常渴望学会控制焦虑、改善情绪，他还想学习如何认识情绪，进而重新控制它。他希望在遇到困难的时候能够灵活地调整自己的情绪，有效地跟身边的人建立有意义的连接。

Chapter 7

焦虑和焦虑症的区别

当焦虑给人带来长期的恐惧和痛苦，
让人想要逃避时，它就被定义为焦虑症

希望大家现在已经能够用稍微轻松一点的心态来看待焦虑，认识到焦虑是人类的重要组成部分，是所有人生来固有的东西。焦虑并不奇怪，也不是什么弱点，更不需要因为焦虑而感到羞耻——在需要它的时候，焦虑是一种完全正常且有益的反应。

我认为焦虑是一个逐渐演变的概念。我们都经历过不同程度的焦虑，这是由多种因素决定的，其中包括基因构成、气质、家族史、个人经历、大脑功能和神经化学系统等，这些因素之间又会相互作用。众所周知，某些疾病也可能导致或加剧焦虑感，因此如果你的焦虑症状越来越严重，最好还是去看医生。

还记得焦虑是把双刃剑吗？经历过焦虑的人通常都是分析型的思考者，他们能够从更深层次上感受各种情绪，具有更高层次的同理心。事实上，要想克服焦虑，其中一条就是认识到自己在迎接挑战时所拥有的这些内在品质和力量。你要学着接受焦虑，并改变自己跟焦虑之间的关系，真正理解它的本质。心力训练法第一步的精髓就在于对焦虑的理解。当你不再跟焦虑对着干，而是学着接受它，改善对它的看法时，你就迈出了最关键的第一步——从单纯的焦虑迈向具体而有效的行动。

焦虑何时会转变成焦虑症？

焦虑是我们人类共有的体验，但是随着时间的推移，当你越来越忧心忡忡、担惊受怕、痛苦不堪，不管是个人生活还是工作和学习都让你唯恐避之不及的时候，焦虑就变成了焦虑症。所有的焦虑症都有一些共同的特征，即长时间的担忧、紧张和恐惧，并且这些过度的情绪已经影响到个人的正常生活。

患有临床水平焦虑的人通常会出现多种焦虑症的症状，同时还有可能出现情绪方面的问题。焦虑和抑郁常常都是双向的，焦虑可能会影响到情绪，而情绪低落的时候则会加剧焦虑。焦虑和抑郁经常同时存在，改善情绪也有助于克服焦虑，因此强大的、有科学依据的情绪改良法也是心力训练法的重要工具之一。

焦虑症症状一般不会自行消失，如果不及时治疗，那么拖得越久症状越严重。如果你整天焦躁不安、忧心忡忡，长期处在恐惧中，感觉苦不堪言，那么最好尽快就医。就医时要选择临床心理学家或接受过专业培训的其他心理健康专业人士，并且要确保这些人能够提供经临床验证的焦虑症治疗策略。焦虑不是什么让人不齿的事，必要时务必及时就医。

在选择心理医生时要切记，虽然谈话治疗可以帮助你解决问题、确定行动方案，但是想要克服焦虑，通常需要有针对临床水平焦虑的专门治疗策略，比如，本书中提到的认知行为疗法。单独的谈话治疗一般不足以缓解临床上的焦虑问题，好在只要有正确的循证策略，焦虑问题是可以快速解决的。心力训练法就是一种经验证的焦虑症治疗方法，它可以为你提供一个既实用又高效的工具箱，可以让你受益终身。

焦虑障碍主要有三大类，下面我们就来具体了解这些内容：

第一类　焦虑症

一个人因为感知到威胁或者担忧特定的行为和情绪可能会带来不良后果，从而产生某些恐惧心理，由此对生活充满恐惧，总是感到痛苦，想要逃避，这就是焦虑症的特征。焦虑症和一般的紧张或焦虑感不一样，它主要表现为过度的、长久的恐惧感。焦虑症是最常见的心理健康问题，接近 25% 的人会在生命中的某个阶段患上焦虑症。接下来我们来看看焦虑症都有哪些常见的表现。

广泛性焦虑障碍

"广泛性焦虑障碍"（GAD）的标志性特征是在 6 个月甚至更长的时间里，几乎每天都在过度担忧中度过。

间歇性的焦虑和担忧是正常的，是日常生活的一部分，尤其当你的生活中存在压力时，你通常都会感到焦虑和忧心，比如即将参加考试、公开演讲或者面试等。这个时候的焦虑可以让你保持警觉和专注，在最短时间内以最佳状态完成任务。但是，确诊患有广泛性焦虑障碍的人不仅仅在特定的压力下感到焦虑和担忧，他们在绝大多数时间里都有这种问题。他们的担忧是强烈而持久的，已经影响到正常的生活。

担忧的内容可能涉及日常生活的方方面面，例如健康问题、财务、工作和家庭等。即使是洗衣服和开会迟到这种日常琐事都有可能成为焦虑的引爆点，让人陷入担忧的旋涡中，有种大难临头的感觉。具体来说，如果在 6 个月内的大部分时间里都有如下经历，那么就可以诊断为广泛性焦虑障碍：

· 总会担忧各种问题，日常生活已经受到影响，例如上学或上班，跟家人朋友会面等；

· 过度担忧；

· 无法停止担忧；

· 担忧的事情不止一件。

并且符合下述症状中的 3 条或以上：

· 感到焦躁或紧张;

· 容易感到疲劳;

· 难以集中注意力;

· 感到烦躁;

· 肌肉紧绷;

· 睡眠不稳定,难以入睡或难以保持连续的睡眠。

社交恐惧症

如果你在日常生活中非常害怕受到负面评价,怕尴尬,怕被嘲笑、被羞辱或被批评时,那么就可以确诊为患上社交恐惧症。

在社交场合和其他人际交往中,一定程度的紧张和焦虑是正常的,尤其在跟他人互动或被别人注视的时候,这种感觉会很普遍,但对于患有社交恐惧症的人来说,即使是日常活动和普通的社交场合也会触发强烈的焦虑感。

焦虑可以有多种表现方式,比如:

· 过度担心做错事或说错话可能带来的后果;

· 因为害怕被羞辱或做出尴尬的事情而逃避某些特定的场合,这就可能导致人们逃学、翘班或回避社交活动;

· 如果实在无法回避,就怀着恐惧的心理忍受这种场合,但同时又在心里盘算着尽快逃离这种地方,或者通过酒精等方式来麻痹焦虑感。

以上症状必须持续 6 个月以上才能做出诊断。焦虑触发的时间节点可能是开始社交或工作之前，也可能是在社交或工作过程中。社交恐惧症可能与某一特定场景或多个不同的场景有关，比如：

- 跟不熟悉的人见面；
- 在公共场所或者在他人面前吃喝；
- 打电话；
- 在众人面前表演，例如演讲或演示活动；
- 与人交谈；
- 需要在社交、学校或工作场合表现出自信。

身体和心理症状在社交恐惧症中都很常见。身体上的症状可能让人苦恼不堪，例如不停地颤抖、脸红、冒汗、结巴、恶心甚至腹泻。对于特定的身体症状，可能会引发强烈的自我意识（过度警觉）。由于担心被他人看到这些迹象，焦虑又进一步加剧，虽然这些迹象别人很难察觉。

因为总想要逃避这些让人害怕的场合，所以社交恐惧症会严重地影响人际关系及工作关系，同时影响一个人的日常生活，比如，影响和家人朋友的关系、学习、工作等。

特定恐惧症

针对威胁而产生的恐惧是保护自己免受真正威胁的正常适应性反应，而特定恐惧症则是一种对特定物体、行为、动物或场景产生的持久的、不合理的过度恐惧。特定恐惧症会干扰一个人的日常生活，让人无法进行正常的工作和学习，甚至连跟家人朋友见面都成问题。而这种情况至少会持续 6 个月。

对特定场合、活动、动物或物体的恐惧很常见，例如很多人怕蛇和蜘蛛，有些人怕高、怕坐飞机等。要想诊断特定恐惧症，一个人必须通过夸大感知到的危险来对物体、行为或场景做出反应。恐慌或恐惧跟实际威胁的程度是不成比例的。因为担忧面临令人恐惧的刺激，一个人可能会竭尽全力避开某些特定场合，比如，因为怕狗而不去公园、改变工作模式以及逃避健康体检等。当不得不面对特定的场景或事物时，内心就会感到特别痛苦。假如你有特定恐惧症，你可能会意识到自己的反应是不合理的，或者太夸张，然而就是控制不住自己。

特定恐惧症所惧怕的内容可分为以下几种：

·动物，例如狗和蜘蛛；

·自然环境，例如打雷或者高空；

·血液、打针或受伤，例如针头、血迹；

·特定场景，例如电梯、桥梁、开车、飞行；

·其他特定恐惧症，例如窒息和呕吐。

特定的恐惧症会引发恐慌症。恐慌症是一种急速发作的焦虑感，它来势汹汹，具有压倒性，让人感受到无法控制的恐惧，同时伴有强烈的身体反应（战斗或逃跑反应），其中包括心跳加速、胸闷、窒息感、恶心、头晕、感觉燥热或者出汗。有时只要想到威胁的来源，或者在电脑、电视、书中看到这些东西，都会引发恐惧反应。

恐慌症

当一个人反复出现惊恐发作时，就可以诊断为恐慌症。这种恐慌往往出人意料，给人一种"突如其来"的感觉，有时会让人误以为自己心脏病发作，甚至感觉自己快要死了。

对于恐慌症的确诊，诊断人必须反复出现让人能力受损的惊恐发作，或对惊恐发作有持续性的恐惧，并且这种症状要持续 1 个月以上。惊恐发作还可能让人担心这是某种未确诊的疾病的先兆，因此特别害怕惊恐发作后导致的后果。一旦这种恐惧持续存在，人们就会反反复复地进行体检，长期保持高度警觉，即便已经确保没事，他们也会一门心思想要搞清楚潜在的生理原因。

如果以下身体症状你在 1 个月内经历过 4 种以上，并且还一直担心以后会再次出现这些感觉，或者你曾经改变自己的行为以避免出现惊恐发作，那么你可能患上了恐慌症。惊恐发作的症状包括：

· 一种压倒性的恐慌或恐惧感；

· 觉得自己快要死了，快窒息了，"失控"或"发疯"的感觉；

· 心率提升；

· 感觉没有足够的空气；

· 感到窒息；

·出汗过多；

·人格解体，或感觉与自己或周围的一切发生分离；

·喉咙里有肿块；

·打战或颤抖；

·心跳加速；

·呼吸急促；

·感觉恶心，胃部不适或胃疼；

·感到头晕目眩；

·感觉麻木或刺痛；

·感觉自己或周围的世界都是不真实的；

·冒冷汗或冒热汗；

·感觉失控或者即将发疯；

·惧怕死亡。

惊恐发作现象相当普遍，大约有 40% 的人会在人生的某个阶段经历惊恐发作。惊恐发作会在 10 分钟内达到顶峰，通常会持续半小时左右，所以人在惊恐发作后会感到筋疲力尽。有的人可能会在一天内就发作几次，也有可能几年才发作一次。有些人可能会在睡眠时出现惊恐发作，在半夜突然惊醒。

第二类　强迫症及相关障碍

强迫症及相关障碍的特征是强迫性的、侵入性的、重复性的忧心、臆想或者冲动。这种心理和身体上的强迫行为会以重复性的或有序的方式进行。在强迫症发作时，我们会通过这些行为或行动来消除相关的焦虑或痛苦（例如清洗、打扫、收拾、检查、进食等）。这些强迫行为可以在短期内缓解焦虑，然而很快它们就会再次出现，这就导致我们会再次重复这些行为。

我们的想法通常情况下都是有益的，它们会以合适的方式影响我们的行为。例如，当我们忘了是否锁车门，我们就会回去确认一下。然而对于患有强迫症的人来说，这些想法、感受和行为都是多余的，是不合理的或者过度的，会干扰我们的正常生活。比如，是否锁车门这件事，如果强迫性地担忧，就会导致反复检查车门是否上锁。人们通常会承认这些想法和行为是不合理的，却很难让自己不再去想或者不再去做。另外一个例子，某个人会出于对细菌和污染的恐惧，而不断地洗手和洗衣服。

强迫观念和强迫行为可以单独出现，也可以并存。通常情况下，强迫观念会集中在某些特定的主题上，并伴有相关的强迫性行为，其中包括：

·对污染的过分恐惧，导致对清洁和控制的需求——此类强迫行为的例子包括洗手、洗衣服、洗澡或刷牙，以及整理衣物等大扫除工作；

·对秩序或对称的需求，导致一个人必须以特定方式完成工作或摆放物品，比如，书籍或餐具都得符合特定的摆放方式；

·对数数的强迫性冲动，比如，总是以特定的方式重复地数物品；

·习惯固积，导致一个人总是保留垃圾邮件或旧报纸等；

·对外表的过度担忧，导致在饮食、节食、外表和锻炼等问题上都存在强迫性想法和行为；

·害怕对自己或他人造成伤害，造成在安全方面出现强迫性行为，例如检查炉子是否熄火，打听某人是否安全无恙，或者门窗是否关牢等；

·对性取向认同的强迫性观念，导致极度关注性行为，对相关问题不断地检查、回避和确认；

·对宗教或道德问题的强迫性担忧，因此强迫性地参加祈祷或其他仪式化的活动，导致工作和人际关系受到影响。

第三类　创伤及应激相关障碍

在创伤及应激相关障碍中，焦虑是创伤或心理压力的副产品。生活中的压力包括离婚、搬家或开始上大学，创伤的例子包括所爱之人的意外死亡、战争、车祸、袭击、自然灾害、暴力伤害或意外伤害，这些都会让人感到非常害怕或无助。

创伤后应激障碍（post-traumatic stress disorder，简称 PTSD）是人们在经历过创伤性事件后出现的一组特殊反应，这种创伤性事件威胁到了自己或身边人的生命和安全。这些事件包括严重的事故、人身伤害或性侵害、战争、酷刑，以及森林大火及洪水等自然灾害。它们都可能让人产生强烈的恐惧或惊慌情绪，感到无助、害怕。当此类事件被重新提起时，就可能会引起人们身体及心理上的痛苦。

当一个人出现以下症状并持续 1 个月以上时，就可以诊断为 PTSD：

· 通过令人厌恶却又反复出现的回忆重新体验创伤性事件。通常这些事件会以生动的意象、闪回或噩梦的形式出现。当人们想起这些事时，可能会有强烈的情绪波动或身体反应，比如，出汗、心悸、恐慌等。

· 过度警觉或紧张，包括难以放松、无法入睡或容易惊醒，暴躁易怒，难以集中注意力，容易受惊，对危险迹象异常警觉等。

· 回避跟创伤事件有关的所有事物，包括相关的活动、地点、人物、想法或感受，因为这些东西可能会唤起痛苦的回忆。

· 情绪低落或麻木，无法感受到昂扬的情绪，跟家人和朋友很疏离，对曾经喜欢的日常活动失去兴趣。

其他的体验还包括：

· 记不起事件中的某些细节；

· 对自己、他人和世界产生消极的想法；

· 不断地为发生过的事情谴责自己或他人；

· 不断地感到消极、内疚或羞愧；

·出现鲁莽的或自我伤害倾向的行为。

　　有确切证据证明心力训练法可以有效地治疗各种程度的焦虑症以及与焦虑相关的障碍，你不用默默地忍受担忧、焦虑和恐惧的折磨，你完全可以从这些情绪中解脱出来，而且这条路并没有那么漫长。通过学习心力训练法以及其中包含的各种策略，你就可以真正踏上这条自由之路。

　　除了学习书中的策略，最好还是去咨询那些接受过心理学训练的专业人士，毕竟牙痛的话最好还是去看牙医，对不对？无论是焦虑、一般应激障碍、生活危机还是确诊的焦虑症，只要你在工作、学业或家庭中遇到困难，都可以去咨询那些训练有素的专业人士。同样，对于某些人来说，由专业医生开出的药物也会带来很大的帮助。如果你觉得自己有心理方面的问题，随时都可以去看家庭医生，他们算得上是身心健康领域的优秀把关人，熟知哪些专业的心理治疗师可以为您提供帮助。

Chapter 8

压力

压力是身体在号召我们采取行动

经常有人问我压力和焦虑之间有什么区别。压力和焦虑都是我们的身体感知到环境中的威胁而产生的生理反应。压力通常是身体对某些需求或威胁的直接反应。当我们察觉到危险时（不管这种危险是真实存在的还是想象出来的），压力反应都会被激活，身体的防御机制随之迅速地切换至战斗或逃跑状态；而焦虑则是你对未来可能发生的坏事的想法及预判。

和焦虑一样，压力反应本身并不是坏事，它是身体保护你的方式之一。适量的压力反应可以帮助你保持专注和警觉，让你带着充沛的精力去迎接新的挑战。在紧急情况下，压力甚至可以救命。例如，当你看到街角有辆汽车朝你飞奔过来，压力就可能提供额外的力量来保护你，帮你迅速做出反应，躲过一劫。

压力还可以让你打起精神迎接挑战。当你所处的环境充满挑战，比如，需要汇报工作或赶工时，压力可以让你保持警觉。压力还可以让你在必要时保持高度的专注，避免发生事故或犯下代价高昂的错误。这个专业术语叫作"良性应激"或者"正面压力"。通常情况下，良性应激会让你专注于自己的目标，而不是浪费在感知威胁上。它可以让你保持振奋，进入活跃而精力充沛的状态。当你觉得自己做事情得心应手、热情澎湃时，就是典型的良性应激。这可能就是肾上腺素的功劳，它让你保持激情，从而有效地完成工作。

但是当压力持续的时间过长且程度过高时，就会带来问题。压力过大时，你会感到焦头烂额、筋疲力尽、身心超负荷运作、无人赏识、情绪激动甚至失控。如果压力不能得到及时地缓解，或者因为过于关注威胁而不断产生新的压力，人就会感到特别痛苦。这时的压力不再是有益的，开始给我们带来各种麻烦。

当你感到痛苦时，身体的内部平衡也会被扰乱，这对你的健康、情绪、人际关系、工作效率和整个生活都是有害的。皮质醇和肾上腺素会在血液中长期堆积，扰乱身体中许多重要系统，比如，免疫系统、消化系统和生殖系统。长期的压力还会增加心脏病发作及中风的风险，同时还会加速人的衰老进程。在长期的慢性压力下，你的身体可能会出现各种症状，例如，头痛、胃部不适、高血压、胸痛、性功能障碍和睡眠问题。长期的高压还会滋生出各种情绪问题，其中可能就包括抑郁，当然，还有焦虑。科学研究已经发现压力和成年人的死亡之间存在一定的关联，这些死亡原因主要有心脏病、癌症、肺病、交通事故、肝硬化及自杀。

职业倦怠

根据世界卫生组织的定义，职业倦怠是指由于长期或无休止的工作重压没有得到妥善处理而引起的问题。压力过大时，你可能会感到负荷过重、疲惫不堪，但这并不是职业倦怠。通常情况下，即使有压力，你仍然能够确信，只要掌控住局面，情况就会有所改善。然而，当你处在职业倦怠期时，你可能会觉得自己的境况完全没有变好的希望。进入职业倦怠期就意味着压力已经超过了你的应对能力，导致你的身心和工作满意度都受到损害。

倦怠的结果是让人感到精神上的空虚和疲惫，心理上完全失去了动力，对周遭的一切不再关心。如果说过大的压力让人感到被责任淹没，那么倦怠就是一种油尽灯枯的感觉。问题是，压力的存在通常是可以觉察到的，而倦怠则是在不知不觉中悄悄出现。倦怠是一种压力达到饱和点时的体验，人在倦怠时已经无法再有任何的突破。

职业倦怠本身并不是一种心理疾病，但它可能是情绪及焦虑相关问题的前兆。职业倦怠的标志性特点是症状出现于工作场所中。这些症状的特点包括：

- 能量耗尽或精疲力竭；
- 对工作的疏离感越来越强烈，或者对工作的负面情绪越来越严重；

·专业能力降低。

职业倦怠是一个渐进的过程，一开始的迹象和症状是非常轻微的，但随着时间的推移会越来越糟糕。早期的症状是一种警示，它说明我们身上有些不对劲的地方，需要我们提高重视程度。只要你能多花点精力，积极地减少压力，就能避免一溃千里的局面。但如果你对倦怠视而不见，那最终就会真的油尽灯枯。

倦怠的生理症状包括：

·免疫力下降，疾病和胃部问题恶化；

·头痛，肌肉紧张或疼痛；

·胃口和睡眠发生变化，越来越疲劳，无法集中注意力。

职业倦怠在情绪上的表现包括：

·挫败感，自我怀疑；

·感到无助、困顿、失败；

·疏离感和孤独感；

·丧失动力和信心；

·愤世嫉俗的情绪和消极的心态逐渐增加；

·满足感和成就感下降；

·感觉不堪重负、焦虑、愤怒、暴躁；

·情绪低落平淡，变得孤僻，不时感到绝望。

职业倦怠在行为上的表现包括：

·逃避责任，疏离，对工作失去兴趣，冷漠，失去动
力和希望；
·拖延，效率降低；
·翘班、迟到、早退；
·逃避社交，将挫败感发泄在别人身上；
·通过暴食、药物或酒精来应付生活；
·出现睡眠问题，性欲减退。

当压力变成一种新常态

生活在当今社会，总会有压力悄悄地渗透到我们的生活中。我们身处的世界并不完全符合大自然的意图。人们本应在田野上闲逛，饿了就摘树上的果子，然而事实上我们的孩子往往还没学会走路就已经会使用高科技产品了。虽然科技的进步突飞猛进，让我们的生活比祖先们轻松得多，但在今天这个被科技驱动着的世界中，我们的身体无法获得必要的休息时间。大部分时间里我们都处在高度紧张的状态，压力似乎已经变成了我们的新常态，它给我们的生活造成了严重的损耗，然而我们并不清楚它到底产生了多大的影响。这种程度的慢性压力也是焦虑症流行的因素之一。由于我们的身体和大脑受到"随

时待机"的影响，焦虑症的发病率也逐步上升。

科技会让我们滋生出一种跟不上节奏的感觉，同时也削弱了人和人之间的联系——生而为人，我们需要眼神的交流，我们需要皮肤的接触。

人类本身是种部落生物。部落可以给人安全感，人和人之间的联系也可以给人安全感。一个人一旦离群索居，就会面临被捕食者袭击的风险，所以靠近本部落内的成员也就意味着安全得到了保障。因此我们渴望人和人之间的联系，我们通过这种联系获得安慰和滋养。神经化学反应是血液中的催产素激增的过程，这种神经化学物质会给人带来依恋和凝聚力，让人觉得平静而满足。

然而我们却总是沉迷于手机无法自拔。我们不再抬头看对方，看朋友，看我们的孩子，当然他们也不会抬头看我们。这对我们的个人和整个社会的进化有着至关重要的影响。孩子们早期的情商发展开始受到负面影响。现在，家长给幼儿玩手机或平板电脑的情况已经屡见不鲜，这些家长都深爱自己的孩子，他们这么做是因为他们想为小宝贝提供便捷的学习工具——作为家长，我们都觉得应该跟上时代的节奏。同样，在学校和工作场所，人和人之间的联系也被削弱了，我们通过发邮件来跟同事沟通事务，却不愿意走几步到他们的工位上去面谈。我们很难不被吸进数字技术的旋涡中。然而归根到底，数字技术只是一种虚幻的联系，它其实中断了人和人之间真正的联系。

以上这些因素综合到一起，就导致我们这个复杂的社会里忧虑泛滥，压力和焦虑肆意横行。我们已经到达一个临界点，科技的饱和已经打败了人们的应对能力。看看当今社会中临床水平的焦虑、抑郁、压力、自我伤害、自杀的出现频率，无一不在印证这个事实。

值得庆幸的是，通过学习心力训练法这种有据可循的治疗策略，以上问题都是可以补救的。心力训练法的第三步为你提供了一个培养韧性的工具箱，第四步则提供了内在幸福金字塔和一份行动计划，帮你打败倦怠，强健身心。

————

人和情绪之间的关系也应该有所改变。这个社会太容易给人传递这样一种信息：感性意味着软弱，意味着你不够好，你需要扼杀自己的情绪，让它们销声匿迹。这个概念被称为痛苦不耐受，我觉得它正在对我们的社会造成严重的破坏。我们将会在下一章中详细讨论这个概念，以及一种替代方法——也是心力训练法的核心要素——痛苦耐受力。

Chapter 9

痛苦耐受力

心力训练法的核心就是"痛苦耐受力"这个概念。痛苦耐受力意味着所有的感情都是可以存在的：生而为人，情绪是最自然、最正常的一部分。这个概念所讲述的并非我们去避免拥有强烈的感情，而是要用有益的行动来回应这些感情。实际上，这一点跟社会现状大相径庭。我们的社会鄙视强烈的情绪体验，人们害怕别人因此觉得自己"不够好"，所以总想压抑或摆脱这种感情，这就是所谓的"痛苦不耐受"。痛苦不耐受会导致压力增加、倦怠以及严重的心理问题，比如，自我伤害和自杀。

长时间处于压力之下就会让人感到痛苦。当你处于痛苦之中时，就会出现各种心理问题，比如抑郁、焦虑等。一个人一旦开始忧心忡忡，就会不知不觉陷入巨大的，甚至难以挽回的情绪旋涡中。这个时候整个社会规则可能会说："你怎么能有这么强烈的情绪呢！强烈的情绪就意味着你搞不定，意味着你能力不够！"每当你感到沮丧的时候，社交媒体都会落井下石，再踢你一脚，因为别人都在展示完美无瑕的自己，而这些会加剧你的糟糕体验。正是这种"越攀比越绝望"的问题让你更想隐藏自己强烈的情绪。然而这种期望不但很艰难，而且根本无法实现。这就是痛苦不耐受。

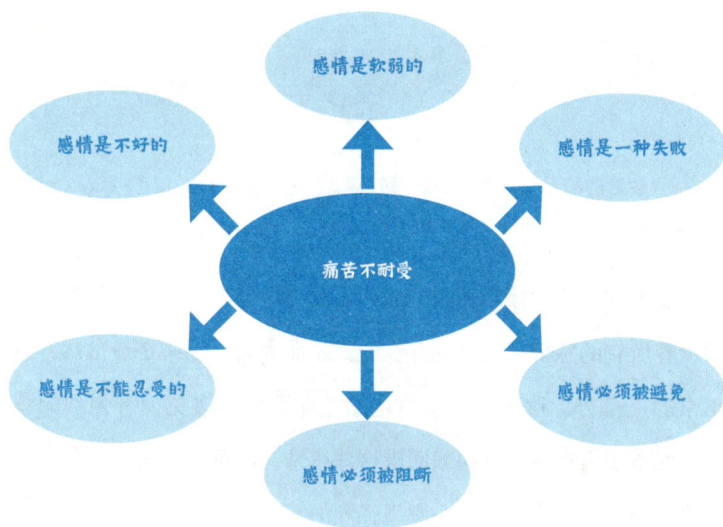

感情是软弱的

感情是不好的

感情是一种失败

痛苦不耐受

感情是不能忍受的

感情必须被避免

感情必须被阻断

　　痛苦不耐受的核心，是强调人的感情是软弱的、不好的，感性就是失败的表现，所以你必须阻止感性，逃避感性，把感性彻底消灭掉。

但是，试图阻断强烈的情绪必然会带来适得其反的后果，因为这么做很有可能会让人情绪失控。痛苦不耐受通常会让情绪像维苏威火山一样突然爆发——此时人的情绪不但不会休眠，反而会剧烈喷发。

当你意识到情绪无法被彻底消灭的时候，就会去尝试麻痹那些剧烈的情感。这方面的应对策略通常是没有实质性帮助的，比如酒精、游戏、性、色情、借食消愁、自我伤害。

痛苦不耐受会让我们陷入一个恶性循环。痛苦会让我们采取强迫性的、容易上瘾的行为，以消除压力。但是，这种短期内有效的解决办法可能会带来长期的压力。痛苦不耐受会让我们在战斗或逃跑的路上越走越远，无法产生符合自己价值的行动，无法找到人生的意义和目的，无法拥有成就感。正是因为痛苦不耐受的存在，我们再也无法转变策略来缓解痛苦，无法回到符合自身价值的正轨上。相反，我们开始麻痹自己，麻痹痛苦，越陷越深。

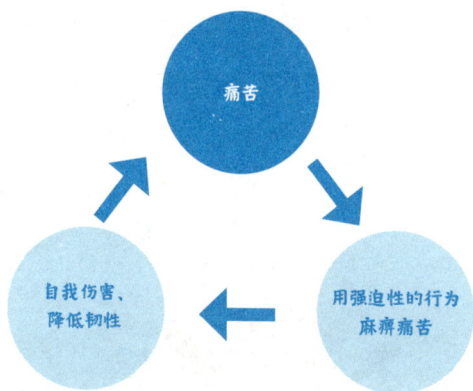

虽然痛苦不耐受对男性和女性都有影响，但"情绪化等于软弱"的信息在男性中更加普遍，因为他们从小就被告知要"像个爷们"，要牢记"男儿有泪不轻弹"。

案例分析

麦克身在痛苦的旋涡中无法自拔。为了应对焦虑、愤怒、烦躁和情绪低落等问题，他开始用酒精来抵抗自己的情绪。问题是，求助于酒精本身就是一种"逃避"行为，他试图用酒精来麻痹自己的情绪，逃避自己必须面对的那些人生难题。酒精让他和家人之间产生越来越深的隔阂，让他一步步情绪失控，这都跟他和家人的人生价值观背道而驰。由于妻子和孩子亲眼见证着他的情绪如何一步步地变糟，他便陷入一种深深的、破坏性的内疚和羞愧情绪中。

亚当担心自己无法出色地完成家庭作业，因此备受压力和焦虑的折磨，越来越倾向于把自己封闭起来。他开始远离家人，远离朋友，把自己锁在卧室里一待就是几个小时，他用疯狂打游戏来缓解那些糟糕的情绪。但是封闭情绪只能带来一种虚幻的掌控感。这种做法的副作用就是他在和父母的互动中滋生了更多的爆炸性情绪。亚当最后终于明白，所有的情感都是好的——重要的不在于情感是否存在，而在于自己怎么去做出回应。

麦克和亚当面临的问题在我们的社会中实在太普遍了。社会习俗和社交媒体不停地给我们施压，迫使我们把生活中的每一个细节都做到尽善尽美。从小我们就被灌输要竭尽全力，应付自如，然而外表的坚强和强健却掩盖了我们内心固有的脆弱。出现负面情绪是很正常的，是我们人类的共同体验，每个人都可能会焦虑、悲伤、恐惧、愤怒、沮丧、尴尬，最重要的是，我们如何去回应这些情绪。

培养心灵的力量是痛苦不耐受的一个根本性转变。心力训练法为你提供一系列非常实用的行动来应对剧烈的情绪变化。它为你另辟一条忍耐痛苦的蹊径，让你通过心怀仁慈和同情，利用自我意识和韧性来观察、接受情绪，允许情绪的存在。

现在来看看你的学习成果吧！你已经了解了战斗或逃跑反应。

你明白什么是焦虑，什么是压力和恐惧，也搞清了为什么这些功能在必要的时候会发挥极为重要的作用。此外你也认识到了人类的剧烈情绪是无法彻底消除的，我们要观察并理解这些感受，明白焦虑在生理上和情绪上的具体体现。

除了了解战斗或逃跑所驱动的感觉，心力训练法的第一步还帮我们了解到战斗或逃跑反应所驱动的思想及行动。这种思想的主要驱动因素就是"担忧"。现在，我们要把注意力转向这个思维恶霸，一起来探讨一下"担忧"这个问题。

Chapter 10

担忧就像滚雪球

担忧是人的大脑在对周围的环境进行预测，

从而达到确定和掌控的目的

人在担忧的时候，大脑会把感知到的威胁当成是真正的威胁来做出反应：老虎就要向我扑过来啦！它把"忧虑"（我会失败的）当成了"真实的危险"（那只老虎会吃了我），引发血液中肾上腺素和皮质醇的激增，这就是你所体验到的焦虑。忧虑有时候像些琐碎的疑虑，在你的大脑中轻声唠叨着；有时候又像个号角，像个讨厌的恶棍，肆意戏耍你的思维。反思或反刍思维（rumination）跟担忧很相似，这种思维会让过去可能出现的负面问题在脑海中反复上演，比如，你总是纠结于以前做过什么傻事，所以不停地纠缠于当时的场景，试图让自己的行为变得合理。

我们之所以会担忧，会反思，通常是因为这么做对我们有好处：我们把注意力集中在所有可能出错或者已经出错的事情上，这样就不会错过任何东西了，对不对？我们总想着"万一"出现什么问题，以及"本该"采取的行动，这是因为我们非常渴望把事情做好，按照别人的对错标准行事，从而保护自己，保护身边的人。

担忧和反思都是人类原始生存机制的一部分，它们可以帮助我们对周围的环境进行预测。在某些不确定的情况下，人类可以通过这种心理过程让自己增加掌控感。问题是，担忧和反思会带来跟预期相反的效果——它们不但不能让你觉得更有掌控感，反而会让你把注意力集中于所有可能发生或已经发生的坏事上，最后让你觉得更加失控。你不但不会获得确定感，反倒觉得一切更难把握了。因此，担忧和反思不但没能让你感觉更好，反而让你觉得更加失败。它们并不是一种弱点，它们只是人类的一个组成部分，但有时候它们就像恶霸一样任意摆布你的思维。更糟的是，就和现实生活中的那些恶霸一样，你越是关注它们，它们就越放肆。

我们之前讨论过，一个人越是心思细腻、在乎别人，越容易遭遇这样的心理过程——这种人可能都比较善良，或者更富有分析型思维。我把这种心理过程称作"法拉利心态"，一种随时都可能踩下油门加速的深度思考型心态。跟法拉利一样，这种心态只需要一点点保养和微调，就能充分体现出卓越的性能。它一旦登场，必定光芒无限。所以我们应该为拥有这种分析型思维和同情心而感到喜悦，但同时我们也要学会如何面对考验。

案例分析

麦克担心的主要是他的财务问题。他常常忧心忡忡，担心自己的钱不够维持全家未来的开支所需。他对自己之前的投资没有信心，总怀疑自己的选择是否有误。他的忧虑已经到了一种灾难性的地步，他每时每刻都在想万一自己的投资打水漂了该怎么办。麦克害怕自己做出错误的决定，所以干脆不再做任何决定。出于对失败的恐惧，他开始陷入惰性的怪圈中。他反反复复、一次又一次地查看股票市场行情，同时还不停地咨询周围的人。

跟麦克一样，艾拉也总是在担心犯错，尤其是工作上的错误。艾拉担心自己让别人失望，或者让人觉得自己不够好；另外她还担心孩子们的健康问题，这种忧虑在晚上准备入睡的时候尤其强烈。通常情况下，她会跟这种忧虑做斗争，争取摆脱这些念头，或者劝自己说没什么可担忧的。问题是，以上这些策略对她的境况不仅无济于事，甚至火上浇油——她的担忧不减反增。

担忧和反思也是折磨艾莉的大恶棍。尽管学习非常努力，但她总害怕说错话，害怕在课堂上出丑。她明明知道题目的答案，但还是不由自主地怀疑自己，无法发挥出最好的一面。她不敢开口说话，在社交场合总是不够自信，害怕别人的负面评价。她在脑海中回放着过去的事情，确保自己没有出丑，或者做了什么让人难堪的事情。

亚当担心自己考试不及格，每次想打起精神学习的时候，总是难以集中注意力，因为他总是不由自主地担心自己会搞砸，担心自己不够优秀。由于总是把注意力集中在那些糟糕的事情上，他晚上总是睡不好，然而越是担心，就越感到焦虑，也就越害怕自己不够好。忧虑不但折磨着亚当，也让他和家人的关系越来越差，尽管他们都很爱他。亚当发现，摆脱忧虑的最好办法就是用社交媒体和电脑游戏来麻痹自己，然而这些东西本身就会让人上瘾。

卢克的担忧很具体，在他眼里狗都是危险的，随时会咬他。为了防止最坏的情况发生，他总是盘算着遇到狗该怎么办，一看到有人被狗咬的新闻报道他就仔细地了解当时的具体状况，从而确保自己能够避开类似的危险。他看到朋友们在公园玩得开心极了，快快乐乐地参加聚会，去朋友家过夜，而自己的脑子却总是在担心狗的出现，这让他无比痛苦。卢克的父母也越来越担心儿子的生活受到太大的影响，怕他以后会因为怕狗而逃避各种体育和社交活动。

担忧之所以会引起你的注意，不仅仅在于它会告诉你即将遇到倒霉的事，还在于它不断提醒你，那些倒霉的事情将是一场绝对的灾难，你即将大祸临头，而你眼下没有能力和手段来应付它，也没有足够的韧性来面对它。这样一来，它就让你转换至自我保护状态——这也是它本来的功能。但你是能够战胜它的。

担忧的恶霸

结果一定会是一场灾难

你将无法应对

很可能会发生很坏的事

担忧会让人坐立不安。为了引起你的注意，它会冲着你大喊大叫。担忧还有着惊人的想象力，它会把所有可能出问题的场景都勾出图像，写出脚本。它可以称得上是一位伟大的虚构作家，一个能获得大奖的小说家，它的故事主角就是你，你的家人、爱人和朋友，你的财务状况，你的健康问题，以及生活中所有你想要保护和珍惜的东西。

然而，这一切只是对安全感产生的幻觉。实际上，担忧和你的价值观背道而驰，它会让你逐渐远离能够带来幸福感的那些东西。为了欺骗你，让你误以为担忧是为了保护你和亲人的平安健康，它告诉你要逃避，逃避，逃避！它让你远离那些真正重要的东西。

担忧会让你不顾一切地去获得确定性和掌控感。它要求你凡事必须做到尽善尽美才行，必须取悦每一个人才算得上优秀。它让你尽心尽力去满足别人的所有要求，否则人们就会发现你是个伪君子，是个欺诈犯。它是个最狡猾的骗子。

为了达到自我保护的目的，担忧有时候会让你去主动出击，向别人发难，否则人们就会发现你的弱点和缺陷。它告诉你最好采取自卫行动，否则就可能大难临头。为了确保自身以及在乎的人和事都平安无虞，你要检查、计划、准备、掌控一切并且永远不要委托别人。

因为担忧，你觉得自己必须预知未来，必须有绝对的确定性，必须严加保护。于是担忧愈演愈烈，你开始反思，开始听到批评的声音，开始抑郁，这一切都告诉你，要退缩，要封闭自己，因为你不配，你永远都不配，根本没人在乎你！

从本质上讲，担忧和反思是因为想要控制、想要保护而产生的幻觉——它们让你只关注那些消极的东西。它们就像从山顶上滚下来的雪球一样，只会变得越来越大！所以担忧最终会导致什么结果呢？没错，更多的担忧。

这种概念化的理解有一个好处，就是让你开始认识到担忧和反思是一种徒劳的心理活动。这并不是说你要陷入思想的泥潭中，而是要开始注意它是哪种思想，是有益的还是无益的。

我们不要被思想的内容所迷惑，相反，我们可以转变观念，认识到担忧和反思对我们并没有实际的帮助。这样我们才能在反击的道路上迈出一大步，不再像以前一样受它们的影响。

———

值得庆幸的是，我们有既实用又简单有效的方法来代替担忧和反思。在本书第三部分，我们会通过心力训练法工具箱来学习具体的内容。我们将学习如何抵挡担忧和反思，与它们保持一定的距离，避免受它们的控制。我会向大家展示如何改变担忧的方式，重新调整自己的价值观，如何参与到重要的活动中，从而过上充满力量和成就感的生活。

Chapter 11

建立自我意识

我们只能改变最初认识到的东西

    自我意识是构建心灵力量和韧性的关键。当你意识到自己正被担忧或反思支配时，你就要多加留意并进行标记。克服压力和焦虑最关键的第一步，就是意识到那些因恐惧而生的想法和行动。从留意那些担忧的声音开始，看看你是否能把担忧想象成一个对你指手画脚的恶霸，或者把它看作一个无耻的流氓，总是因为自身缺乏安全感而骚扰你。现在你应该明白了，担忧起不了任何作用。认识到这一点，你就可以更加轻松地挣脱它的枷锁。现在你可以改变自己对担忧的看法，把它重新看作一个无用的心理过程。

    心力训练法工具箱（本书第三部分所述内容）中有一个强大的

工具，那就是我们可以把担忧的过程想象成一个人在编造无聊乏味的故事，把忧虑概括为一本书。

担忧的故事有一些共同的主题，例如：

· 害怕失去控制；

· 害怕失败；

· 害怕改变；

· 害怕不被认可；

· 不敢有主见；

· 害怕做决定；

· 害怕犯错；

· 害怕被拒绝；

· 害怕自己出丑；

· 害怕公开演讲；

· 害怕身体出毛病；

· 害怕受伤；

· 害怕不确定性。

这些故事是否也曾在你的身上发生过？请记住，许多人都有过类似的经历：无论是在公司，还是和家人在一起，又或者是在餐厅、聚会、演讲中以及其他任何场合；无论是成年人、儿童还是青少年，大约每4个人中就有1个人会从担忧状态升级到更为严重的焦虑。

因为担忧，你再也不想参加曾经很喜欢的活动，不想跟喜欢的人交流，即便是必须完成的工作，你也提不起精神去做，因为你担心自己根本无法胜任这些工作。担忧会让你对自己失去信心，让你感到压力巨大，苦不堪言。担忧的念头就像一个恶霸一样，你越是关注它，它就变得越强大，越有威胁性，让你完全无法忽视它——就像在上一章所述的雪球一样。

你干不好
这件事

万一出状况
怎么办

你根本就不够
优秀

你注定要
失败

那只蜘蛛可能会
要了你的命

如果他们觉得你很
愚蠢怎么办

要是当众出丑
怎么办

内心出现这种感觉
说明你有病

　　通常情况下，人们所面临的真正问题并不是"一旦出错就会带来一场灾难"，或者"不会有人喜欢我"，甚至也不是"怕狗"或者"我可能会大病一场"，真正的问题是"担忧"本身。从本质上讲，人类总是倾向于跟不确定性做斗争，值得庆幸的是，你可以选择是否去聆听那些忧虑。当你意识到担忧是一个徒劳的心理过程，并不会让你有更好的感觉时，你就更容易从担忧的桎梏中解放出来。

你可以选择去聆听忧虑，让担忧来告诉你应该做什么，不该做什么。当你选择聆听，选择被担忧牵着鼻子走时，它就会变得更强大、更有力。然而，你也可以按照下面四个步骤来采取不同的解决办法：

1. 当你被担忧控制时，要开始留心；
2. 把它标记为担忧；
3. 使用工具箱中的工具来正面回击担忧；
4. 遵从内心，采取具体的行动继续前进。

现在，你已经回顾了战斗或逃跑所驱动的想法以及感受，是时候把重点转移到实际行动上了。当你感知到环境中有威胁时，通常会有哪些受杏仁体驱动的行为表现呢？

杏仁体就像一只狂暴的小狗，喜欢坚持自己的主张。大自然之所以这样设计，是为了让你在遇到真实的威胁时可以活命。杏仁体的设定就是为了让你随时进行战斗或进入战斗状态。现在让我们来探讨一下杏仁体这只狂暴的小狗想让你做什么。

心力训练行动

了解你的忧虑

回想一下，上一次让你感觉到压力、焦虑或者烦躁的情境：

· 当时是怎样的状况？

· 你的脑海中有怎样的想法？你是否担忧过去或未来的某些行动？在担忧或反思的欺骗下，你都有哪些思考和观念？你担忧的内容是什么？当你听从这些想法时，它们是否对你产生了更大的影响力？

· 当你听从担忧和反思的想法时，你有怎样的感受？你有没有感觉到压力剧增？焦虑是否变得更严重了？

花几天时间把这些担忧或反思的想法都记录下来。试着去了解担忧和反思是如何出现的，思考它们是如何让你沉浸在过去所感知到的负面因素中，以及如何让你相信将来可能会发生坏事的。

当担忧试图掌控你的时候，一定要加以注意。要分辨它的声音，识别它的把戏——它到底想跟你说什么？别忘了，担忧是很有说服力的，这个恶霸会想尽一切办法去激怒你。但值得注意的是，只有当你给予它足够的关注时，恶霸才会成为恶霸。你要跟自己的想法保持一定的距离，让自己成为一个客观的旁观者。请记住，你随时都可以选择是听从担忧，还是奋起反击，不管它怎样求关注，都要对它置之不理。

Chapter 12

安全行为

无益的应对策略会削弱你的韧性

　　一旦陷入恐惧和担忧的旋涡中，你就会落入杏仁体这位保护者的控制之下，它会让你参与各种受战斗或逃跑反应驱动的心理和身体行动。在真正遇到危险的时候，这些行动可能都是有用的，甚至是必不可少的，但是在面对担忧想法的时候，它们却是无用的反应。当你把感知到的威胁当作真实存在的威胁时，你所采取的行为就叫作"安全行为"，或无益的应对策略。

　　人们采取安全行为的目的是摆脱恐惧和担忧，而不是为了追求与自己价值观一致的生活。安全行为会阻碍韧性的培养——不确定的生活会让人不安，不完美的自己也会让人不安，你没法接受自己一直生活在这样的不安中，也没法让自己学会去适应它。安全行为会让你把自己封闭在一个小小的舒适区内，在这样安适的小窝里，你可以穿着漂亮的绒毛拖鞋，一切都很安全，一切尽在掌握。

问题是，这样的生活让你不能去追求对自己真正重要的东西——一种遵循内心的生活。这些无益的应对策略会对你的事业和人际关系造成巨大破坏，甚至让你无力追求真心向往的生活。这些行为不仅无益，甚至会让你陷在恐惧中无法自拔。你的焦虑不但不会改善，反而会进一步恶化。

有一个方法可以让我们更好地理解安全行为，那就是把它想象成"在流沙中挣扎"。通常情况下，人们之所以挣扎，是因为觉得这样可以帮助他们逃离危险的处境。但当你在流沙中挣扎的时候，会发生什么呢？没错，你会越陷越深。你的处境最终只会越来越糟糕。

正如在流沙中挣扎一样，为了应对感知到的威胁（而非真实的威胁），你采取了战斗或逃跑反应驱动下的行动，而这阻碍了你有效地生活。坏事其实并不一定会发生，即使事情没有完全按照预定计划进行，也不一定就会有灾难性的后果，不一定会超出你能应对的范畴。然而因为采取了安全行为，这些你都无法领悟到。

杏仁体劫持！

逃避和逃离

拖延，请病假，通过酗酒、暴饮暴食、自残或自杀来麻痹情感

攻击和防御

指指点点，抱怨，三角测量，八卦，诋毁他人，咄咄逼人

获取确定和掌控

过度检查，过度控制，委派不当，寻求安慰，追求完美

　　这里的问题在于，我们通常不允许自己承认担忧的想法是错的，相反，我们认为自己之所以能够平安无事，都是因为采取了安全行为。

　　安全行为既可以是心理上的，也可以是身体上的行动，它们往往聚焦在三个核心领域上：

　　1. "战斗"；

　　2. "逃跑"；

　　3. 那些让你获得"确定性和掌控感"的事情。

关于"战斗"的安全行为

攻击、防御、指责、抱怨

　　这些安全行为都围绕着战斗或逃跑反应中的"战斗"而生。愤怒、激动和沮丧都是杏仁体劫持的表现方式，也是我们对感知到的

威胁所做出的生理反应之一。它的行为表现可能是公然的攻击行为，比如，袭击他人或进入防御状态；也可能是更微妙的表现方式，例如，指责别人、抱怨、欺凌、八卦等。

这些情绪和相关的行为表现可能是被隐藏的焦虑的体现。这种形式的焦虑并不常见，可能会让人误解为具有攻击性，无意中就被贴上了错误的标签，进而采取不合适的策略来补救此类情绪。这在儿童和青少年群体中尤其普遍，这个人群很容易被错误地贴上"对抗""多动"或"注意力不集中"的标签，而事实上他们只是处在焦虑之中而已。因此，当我们开始解决焦虑问题时，这种挑衅性的行为也会随之消失。

有时候人们试图通过逃跑行为来压制自己的情绪，最后反而又掉头走向战斗行为。这种安全行为破坏了构建有效人际关系的能力，通常跟人们的价值观也不一致。例如，麦克的案例，焦虑和压力让他充满愤怒和攻击性，甚至对他的妻儿大打出手。这种令人厌恶的行为又带来其他的坏情绪，例如，内疚和羞愧等，从而进一步加深了麦克的痛苦，让他陷入一种自我毁灭的恶性循环。

关于"逃跑"的安全行为

逃避

当我们采用"逃跑"这条思路的时候，主要采取的无益应对策略就是逃避。我们听从忧虑，相信坏事会发生，于是就逃避这些事情。例如，你担心自己可能会被狗咬，因此远离所有可能会有狗的地方。同样，你担忧接下来的演讲会搞砸，也许就会编造各种借口取消演讲，或者安排别人来替你演讲。

逃离

还有一种情况就是，你也许已经处在一个特定的情境下，因为担忧，你选择了逃跑。通常我们想要逃离的并不是情境本身，而是处在那种情境中所产生的战斗或逃跑的感觉。我们感觉到恐惧和焦虑，认为那里有一种潜在的灾难，必须尽快离开那里。回想一下那个关于恐慌的螺旋。当你逃离那种情境时，就不会再有经历战斗或逃跑反应的生理感受，这反过来强化了逃离行为。你开始把这种情境看作危险的源头，并把逃离此情此景看作获取安全的途径。因此你永远都不可能知道，在那种情境下其实并不会发生什么坏事，你也不可能认识到真正的问题不在于情境本身，而是在于你对坏事的恐惧以及这种恐惧所带来的感受。

被动行为及取悦于人

"逃跑"反应的其他安全行为还体现在一个人的被动和顺从。这些行为包括不为自己出头、根本没必要的道歉以及取悦别人，这样的行动只有一个目的，那就是避免别人对你做出任何负面评价。

要确认这些行为是否属于安全行为，你只需要想想它们是由恐惧驱动的还是由价值观驱动的。例如，大量的善举如果是由价值观驱动的，那就应该得到支持和珍惜。但是，如果这些举动纯粹是为了防止别人对你有负面评价，或者担忧如果自己不取悦身边的每一个人，就会遇到一些倒霉的事，那么这些行为就是安全行为，是无益的应对策略。

拖延症

拖延症是"逃跑"反应下的另一种常见安全行为。你明知道自己必须做什么，怎么做，而且也非常想去做，但就是没办法阻止自己一拖再拖。如果你也有过这样的经历，就会知道想要克服拖延是多么艰难。拖延症就像一堵高大的砖墙，挡在你和必须完成的任务之间。

拖延症的实质是杏仁体试图通过让你逃跑的方式来保护你，尽管你不需要它这么做，也不希望它这么做。拖延症是一种出于对危险后果的恐惧而产生的强烈、顽固的安全行为，这种危险后果通常包括犯错误、失败，或者被人认为自己"不够优秀"。它通常是因为完美主义作祟，使你认为自己"必须做到尽善尽美才算合格"。心力训练法已经帮助过成千上万的使用者推倒拖延症这堵墙，它一定也可以为你提供帮助。

阻断你的想法

其他安全行为还有为了切断负面想法或忧虑而进行的心理活动。跟绝大多数的安全行为一样，这种行为也是反直觉的。逻辑或许会告诉你，当你的脑海中出现一个突兀的负面想法或忧虑时，你应该试着切断这种想法，想方设法去摆脱它，毕竟你不希望看到这种想法存在，只希望它能尽快消失。这就是我们人类的天性：如果我们有过一段令人厌恶的、不愉快的经历，我们都希望能够忘掉它。因此，你开始跟这些忧虑做斗争，试着把它们从头脑中赶出去，摆脱它们，阻断它们。但这样做有用吗？并没有。你的大脑会不断地想起它，这就是大脑的作用所在。当你试图把那些想法从头脑中赶走的时候，它们反倒变得更响亮、更强大、更显眼。要想理解这一点，我们可以花点时间来做一下下面这个"粉色大象"的实验。

心力训练行动

不要去想那头粉色的大象！

如果你身边有手机或者手表，你可以在定时器上设置 30 秒的闹钟。从现在开始，直到 30 秒的定时结束，无论如何，都不要去想那头粉色的大象。准备好了吗？预备……开始！

……

结果如何？很难做到，对吧？不仅很难做到，而且还产生了跟预期相反的效果——突然间，你更清晰地看到了粉色大象，或

者看到更多的粉色大象纷纷加入进来。

这就是阻断担忧想法会带来的后果，事实证明，这是一个徒劳的心理过程，不仅如此，它还会加剧你的忧虑，让它们成为你的思考焦点。

分心

分心跟阻断想法类似，是一种微妙的安全行为。分散注意力也许能在短期内起作用，但是它们会马上反弹回来。因此，如果分心是出于逃避或切断负面想法和担忧想法的目的，那么基本都不会有任何帮助。值得注意的是，如果你是为了将注意力从忧虑上进行转移和调整，从而重新回归到符合自己价值观的目标和行动上，那么这样的分心就另当别论。前者是为了远离忧虑，后者则在接近理想中的方向。前者落入战斗或逃跑反应的陷阱，后者则跟自己的价值观保持一致。不妨回顾一下，自己的行为究竟是受恐惧驱使（无益的安全行为），还是以价值观为导向（有益的、发自内心的行动）并受其驱使的呢？

通过自毁行为来麻痹情绪

另一种"逃跑"安全行为，是试图麻痹因痛苦不耐受而产生的强烈情绪。痛苦不耐受通常跟文化属性有关，强烈的情绪体验容易被污名化，让人感到羞耻，从而带来无法忍受的痛苦。假如你正在经历愤怒、恐惧、尴尬、沮丧、悲伤等强烈的情绪，你可能会觉得唯一的应对方法就是麻痹它们。这就会让你陷入自毁行为的恶性循环，反过来又加剧了压力、焦虑和激动的情绪。这可能会让你又一次采取无益的安全行为，进一步麻痹那些强烈的情绪。这类自毁行为的例子如下：

· 摄入娱乐性药物或酒精；

· 赌博；

· 游戏；

· 随意的性行为；

· 暴饮暴食；

· 自残；

· 用来麻痹强烈情绪的终极应对策略：自杀。

案例分析

麦克、艾拉、艾莉和亚当陷入恐惧时都采取了一些无益的身心应对策略，让我们来深入探讨一下。在麦克的案例中，最常见的心理安全行为有担忧、反思和自我怀疑。行为方面的应对策略体现在反复地检查自己的财务管理方法，一次次地从妻子和财务顾问处寻求保证，身体一出状况就上网去查，看看自己身上是不是有相关症状，让医生们重复做检查，最终靠酒精来麻醉自己的焦虑和压力。麦克发现，有时候翻来覆去的检查可能会暂时使他放松一些，但疑虑不久就会再次出现，他还是像以前一样紧张、易怒。更重要的是，上网上得越勤，别人的故事读得越多，他的担忧和焦虑也就越严重。他变得高度警觉，忍不住怀疑是否会有更悲惨的事情发生在自己身上。

除了担忧和反复做检查，艾拉的主要安全行为就是完美主义。她的信念就是，只有做到十全十美才算达标。完美主义给了她一种虚假的舒适感，因为对她而言，只有做到完美，别人对她的评价才是确定的，坏事也就不会降临。由于害怕自己在同事、朋友和家人的眼中不够优秀，艾拉开始逃避社交。但逃避社交又和她的价值观不一致，于是她的情绪开始变得低落，这导致她进一步逃避社交，由此引发出一连串无益的，甚至是有害的螺旋式下滑，使得艾拉逐渐滑向抑郁症的边缘。

艾莉也有很多恐惧驱动下的心理安全行为，例如担忧、反思、读心术等，她还有很多身体上的安全行为，其中包括查看自己的外表、浏览社交媒体、拿自己跟他人做比较以及寻求慰藉等。她在大学的辅导课上总是不主动发言，还经常闭门不出。跟艾拉一样，艾莉也觉得自己必须十全十美才行，这使得她长期被困在"我不够优秀"的心理状态中。

安全行为也迫使亚当陷入焦虑、痛苦和煎熬的恶性循环中。他担心自己的学习不够好，不能按时完成作业，于是就逃避学习，无休止地拖延。他还有别的逃避策略，比如，浏览社交媒体、玩电脑游戏等。他还对家人大打出手——这其实是一种战斗安全行为——以及把自己关在家里不出门。

卢克的主要安全行为是逃避。只要是可能有狗出现的地方，不管是公园、朋友家还是聚会，他都恳求父母不要带他去。因为一直坚持这种严格的逃避心态，永远迈不出第一步，卢克也就没有机会认识到坏事可能并不会发生。他还一次次地向父母寻求慰藉，而父母通常也都会提前对他进行安抚，以防止他在某些特定情况下情绪崩溃。

关于"确定性和掌控感"的安全行为

众所周知，人类对于不确定的事物总会感到不舒服，会努力对抗，这跟我们的生存本能有关。这种本能告诉我们，一旦离开洞穴，看不清周围角落里的情况，就有可能被藏在那里的捕食者吃掉。针对消除不确定性和实现掌控感的目的，人类有许多特定的安全行为。

担忧

担忧是人们为了获得确定性和掌控感而采取的主要安全行为。担忧的问题在于你的专注力全部集中在可能出错的事情上，因此感觉越来越糟，并不会变好。它不但不会减少你的恐惧，反而会让你越陷越深。其中一个消极后果，就是让人必然地走上歧途——担忧就像一则故事，根本就不会有大团圆的结局，这就是担忧的本质。担忧的极端表现形式就是把一切灾难化，凡事都往坏处想，就像滚雪球一样，最终会让你陷入最坏的状况无法自拔。

反思

反思跟担忧相似。同样，反思的目的是让你通过过去的经历来增加确定性和掌控感，但最后的结果只会使你感到更加不确定，更加失控。这种无益的应对策略是一种最为黑暗的挣扎方式，你的头脑中会充斥各种批判的声音，这种声音不停地告诉你，你不够优秀，你不该有这样那样的举动。

读心术

读心术是另一种具有破坏性的安全行为，也跟确定性和掌控感有关，它的目的在于搞清楚别人对自己的看法。但问题是，你永远都不可能真正了解别人在想什么，因而你会一直在不确定中挣扎。现在我们已经清楚了，跟不确定性做斗争，就会触发杏仁体劫持以及战斗或逃跑反应，换句话说，就会触发焦虑！

如果将读心术和人类大脑固有的消极偏见结合起来，你就会发现它的结果并不乐观。由于我们永远不可能知道别人对自己的看法，因此在没有明确证据的情况下，消极偏见就会让我们更加倾向于相信那些看法都是消极的、不够好的，而不是积极或者中立的。如果你害怕得到负面评价，那么对威胁的过度警觉就会对你产生更大的影响。于是你试图通过读心术让自己获得更多的掌控感，但最终会把注意力全部集中在对方可能会有的负面因素上——结果会让你感觉更加失控。人们只有首先认识到问题的存在，才有可能进行改变，所以每当进行读心术的时候，一定要意识到自己在做什么，这是非常重要的一点。跟担忧一样，我们首先要注意到读心术是一个无益的心理过程，然后把它标记为"读心术"，跟它保持一定的距离，这样才能避免陷入其中。

质疑、争论、合理化

这类心理行为类似于阻断自己的想法，或者分散注意力。这是大脑试图通过逻辑来摆脱忧虑。逻辑告诉我们，面对一个突如其来的消极的想法或担忧的想法，我们应该跟它做斗争。然而，焦虑并不吃逻辑这一套，试图去迎合那些忧虑往往会使事情变得更糟，你会在无意中陷得越来越深。正如之前所说，当你跟自己的担忧想法去争辩的时候，当你试图摆脱它的时候，你就把自己放到了擂台上，去跟不确定性进行搏击。你之所以进行这些心理安全行为，是因为你认为这样有助于获得更大的确定性和掌控感，但通常情况下，你会发现一切最终变得更加不确定，你会感到更加失控、更加焦虑。

过度检查和寻求保证

为了实现确定性和掌控感，人们还会尝试检查行为和寻求保证。你可能会一遍遍地检查自己的工作、身体、身边的环境，或者从家人、朋友、同事那里寻求保证。问题在于，检查行为和寻求保证可以提供短暂的帮助，但疑虑很快就会悄无声息地回来，因为从本质上讲，你是在寻求确定性，而确定性实际上并不存在——所以你注定是在寻求一个徒劳的结果。更重要的是，不但疑虑会重新出现，而且因为此时此刻获得了保证，压力和焦虑得到了暂时性的缓解，这促使你继续去检查，继续寻求保证。然而疑虑也会再一次回来，这样你就被套进了一个永久的循环，像下图这样：

救命啊！你陷进了安全行为的流沙，而且越陷越深！

1. 感知的威胁
2. 焦虑感上升
3. 寻求保证
4. 焦虑感下降
5. 由此强化了寻求保证的行为
6. 疑虑再次出现（感知的威胁）
7. 焦虑感再次上升
8. 寻求保证

完美主义

完美主义是人们为了实现确定性和掌控感而在恐惧的驱动下采取的典型安全行为。你努力追求完美来预防坏事的发生。你觉得只要完美了，就不会再有负面评价了。然而问题是，追求完美会导致无法实现或者无法持续一种既定标准。那些为了达到一种理想境界而努力追求完美的人，永远都不会觉得自己能够达到那种理想状态。完美主义既伤害了一个人的自尊，也伤害了自我认知，使人长期处于压力状态中。你身陷战斗或逃跑的反应之中，然而你在跟什么战斗呢？对不完美的恐惧。此外，由于对威胁过度警觉，你的注意力专注于让你感受到威胁的东西上，而这种威胁是对"不够好"的恐惧，于是你的脑海里满是你感知到的"不够好"的东西——因此追求完美是一个毫无胜算的目标。这是一种受恐惧驱动的安全行为，唯一的方向就是螺旋式下降。

过度准备

过度准备、过度安排、过度清洁都是追求确定性和掌控感的代表行为。但是跟分心（参见第 96 页）一样，最重要的是反思这些行为背后的驱动力是什么。如果它们是由恐惧驱动的，例如，害怕失败、害怕受到负面评价或者害怕犯错，那么就可以断定它们是无益的应对策略。如果这些行为是由价值观驱动的，那就应该接受（关于这一点请参考下文）。

心力训练行动

注意安全行为

思考一下近期内你有过哪些受战斗或逃跑反应驱动的行为。想想最近几次感到焦虑、激动或紧张的时候，当时的状况是怎样的？在这些情况下担忧告诉你应该怎么做？安全行为可能是非常微妙的，要多加留意。

留意、标记、放手

在确定某种心理或身体行为有益还是无益时，自我意识起到至关重要的作用。如果你的行动是受恐惧驱使而对担忧想法做出的反应，那么它就很有可能是一种安全行为。以下内容可以帮助我们分辨安全行为，对安全行为建立意识。

我们要遵循以下步骤：

1. 留意无益的心理或生理过程；

2. 贴上安全行为的标签；

3. 放弃战斗或逃跑反应驱动的行为，重新采取有益的、由价值观驱动的替代方案。

这个强大的策略可以进一步帮你把焦虑转化为有效行动，把担忧转化为身心健康！

幸好对于焦虑的人来讲，现实往往没有他们预期的那么糟糕。然而担忧可能具有非常强大的说服力，当你听从担忧时，通常很难再超越自己的预期——最终也就不能直面恐惧，不能放弃自己的安全行为。于是人们就待在自己的舒适区里，穿着温暖的毛绒拖鞋，捧着热茶，但永远无法活出最精彩的人生。

这些安全行为显然只会加剧你的担忧。你没有选择接近，而是选择了逃避；你听从了担忧，任由它对你发号施令，你没能：

· 开发自己所需的技能；

· 得知坏事并未发生；

· 认识到假如不听从它的指挥，你其实可以做得更好。

只有当你放弃这些行为，直面曾经逃避过的境况时，你才能明白原来自己是可以的。在现实生活中，坏事发生的概率其实远远没有你想象的那么高，结果也往往没有你估计的那么可怕，你的应对能力其实也要比你想的好得多。当你听从担忧的号令时，最终往往感觉很糟糕，而这完全没有必要！所以我们要花点时间思考一下，一旦开始担忧，我们就上了它的当，去相信一些原本不存在的东西了。一定要记住，想法终究只是想法。现在你可以尝试一下，尽量跟这些想法保持适当的距离。

接受不确定性

现在我们已经明白，首要的问题在于我们正努力地去争取确定性，然而这种确定性根本就不存在，你永远都无法得到一个确切的答案。跟不确定性做斗争使得你饱受焦虑之苦。由于身处战斗或逃跑的模式中，你的杏仁体被迫全力启动。这里有一个陷阱，你战斗的对象不是对狗的恐惧，不是对负面评价的恐惧，也不是对亲人遭厄运的恐惧，你的对手其实就是不确定性。如果你坚持跟不确定性做斗争，而不愿去接受它，把它当作生活中不可避免的一部分，那么你的大脑警报器就会不停地响，使你一直处于焦虑之中。

那么除了与不确定性对抗，还有什么替代方案呢？我们的替代方案就是接受它，或者容忍它。这可不是件容易的事。大脑的思维方式就是寻求确定性，从而确保你的安全。但是，尽管不确定性会让人难受，接受起来有一定的挑战，但这是可行的！要想摆脱焦虑，你需要让自己明白，即使事情没有完全按照计划进行，你依然有能力去应对。当我们不再回避焦虑，而是选择克服焦虑时，在这个过程中培养出来的勇气和信心足以让我们获得符合价值观的生活，而非整天被恐惧左右。

稍后我们会通过一整套心力训练策略来帮助你应对这个挑战。"心力训练法工具箱"可以帮你把焦虑转化为具体的行动，帮你培养韧性，摆脱恐惧的束缚。使用本书中提供的策略可以帮你改变看待问题的方式，让你更有力量去面对担忧，过上更好的生活。

在熟练使用书中的工具来培养心灵力量之前，我们要先对恐惧、担忧、愤怒、攻击和抑郁的替代途径有一个清晰的认识。这条替代途径从心出发，通往你所期待的生活。这就是目的与价值观的路线图。

第一步总结

恭喜你走完了第一步！现在你能够：

1. 了解焦虑和与之相关的生理及心理反应；

2. 识别自己的忧虑；

3. 了解担忧的内容；

4. 辨认无益的安全行为；

5. 理解直面担忧所带来的好处，并能接受不确定性带来的不适感。

现在你可以准备迈出第二步啦。

第二步

—

认识你自己的价值观

Chapter 13

寻找替代方案，让你的行动不再受恐惧驱动

当你的行动受价值观驱动时，就会更接近有意义的生活，

不再因为恐惧而逃离

现在，当你再次被担忧支配时，你应该能够很轻松地分辨出来。你已经知道恐惧之路的尽头就是更大的不确定性和更强烈的焦虑感。你也明白自己应当直面忧虑，杜绝一切安全行为。然而知易行难，担忧的说服力很强，一旦被劫持的杏仁体飞速运转，我们的理性判断能力就会大打折扣。

心力训练法工具箱可以帮你更好地驾驭被劫持的杏仁体。但是，要想避免走上战斗或逃跑反应这条路，我们就需要另辟蹊径，

寻找一条可替代的道路。我们不能只为了逃避担忧和恐惧而活，我们要为自己的人生寻找一些值得争取的东西。问题是，这些东西是什么呢？怎样才能分辨出哪些想法值得倾听，哪些想法又该坚决拒绝呢？答案来自你的内心。

以价值观为指导

价值观就像一座宏伟建筑的地基，而你就是这座建筑。建筑要想坚固，地基就必须结实，这样就算在最恶劣的天气里也能够牢不可摧。我们也是一样，只有打牢稳固的价值观基础，才能够活得更加安稳、踏实。当你的生活跟自己的价值观保持一致的时候，对焦虑、压力和坏情绪的抵抗力也会增强，也就能够获得更大的成就感和幸福感。

你的价值观对你有着深刻的意义和重要性。它们为你的生活指明方向，价值观包括善良、勇气、创造力、真诚、忠贞、有趣等。价值观没有好坏的评判，每个人都有不同的价值观，对你来讲什么东西具有重要性，需要你自己来思考。

我们通常对自己的价值观并没有清晰的认识。对于那些由恐惧驱动的行为，我们能够较快地分辨出来，从而选择远离它们；然而对于我们所珍视的东西，值得我们争取的东西，我们却很难说得清。为什么会出现这种情况呢？为什么我们可以很容易地识别自己不想要的东西，却很难明确地说出自己的价值观，以及那些对自己至关重要的东西呢？没错，这个问题也要追溯到原始时代，那个时候的东西要么是危险的、致命的，要么就是相对安全的、正面的。注意到那些不好的东西，也就是那些可能会伤害到我们的东西，要重要得多。因为一旦我们忽略了那些不好的东西，我们的生存可能就会受到威胁。在野外，我们不会在意小兔子，但必须时刻留意剑齿虎，只有这样才更有可能活下来。

　　我们的大脑至今仍然以同样的方式运作，所以我们更有可能注意到那些具有威胁性的东西，或者说需要远离的东西，而较少留意令人向往的东西。这就是我们在第 5 章讨论的"消极偏见"以及"对威胁的过度警觉"。我们天生就不具备积极的思维能力，所以为了重新达到平衡，培养对"向往之物"的意识，培养对自我价值及人生目标如何实现的意识就成为至关重要的一步。只有这样，我们才能从担忧、恐惧、压力和焦虑中走出来，转向发自内心的行动——灵活、有韧性，且充满力量。

　　价值本身并不是目的地。价值是你的指路明灯，是水面上的浮标，可以指引你的人生旅程。积极地观察自己的直觉，看看你的直觉希望你做什么，因为它能给你很好的指导。担忧往往是让头脑中响起一个声音，让你陷入自我怀疑、自我猜测，翻来覆去地检查，或者过度地寻求保证。当你积极地留意自己的直觉、遵循直觉指引的方向时，它通常就能盖过头脑中那个批评和否定的声音。

你的直觉通常跟你的需求更加吻合，而恐惧则往往会让你偏离符合自我价值的轨道。比如说，你可能觉得跟朋友分享自己的知识是很重要的，但又存在这样的忧虑："如果他们对我有负面评价怎么办？"又或者，也许你觉得尽全力做事是很重要的，但又会担心："没错，但如果努力付出得到的结果是错的怎么办？"同样，你可能很喜欢出门散步，享受新鲜空气，但担忧又来搞破坏："万一出门遇到坏事呢？还是别去了。"

这样的声音听起来是不是很耳熟？人之所以会担忧，其实都是为了阻止一切可能的坏事发生，但本质上，担忧也阻止你过上充实的生活。相比之下，你的人生价值则来自你的内心，它们让你靠近你所期望的行动，靠近那些能够带来快乐、满足、人生意义以及目标的事物。我们在所有的行动和互动中，都应该培养对这些事物的认识，并以它们为生活的指导。

但是，这并不意味着凡事就不需要谨慎，放弃谨慎的生活更有可能跟自己的价值观背道而驰。这只是一个微妙的转折点，让我们能够走出自己的思维，远离坏事，走入内心，靠近丰盈而充实的生活。

要想确定自己的价值观，就要以直觉为指导，而不要去考虑自己该做什么或不该做什么——我们要用心去思考。

心力训练行动

明确自己的价值观

这些年来我一直使用下面的练习方法帮助客户深度认识、分辨个人价值及职业价值。下面几页中提供的价值，按照它们对你的重要程度，分别在非常重要、一般重要、完全不重要一栏里打钩。

这里给出的清单并不详尽，你可以随时补充其他价值。这些价值没有对错之分，价值观本来就是非常个人化的，每个人的价值观都各不相同。请记住，人生价值并不是你在某一个具体时间点是什么或者不是什么。相反，价值是具有指导意义的，可以为你的道路标明方向。

价值观	非常重要	一般重要	完全不重要
丰富——让生活中充满受心灵驱动的体验	☐	☐	☐
接受——接受周围的人和体验	☐	☐	☐

价值观	非常重要	一般重要	完全不重要
责任——信守承诺	☐	☐	☐
准确——正确或精确	☐	☐	☐
成就——有成就，获得成功	☐	☐	☐
宣传——促进项目或计划的发展	☐	☐	☐
冒险——拥有冒险的体验	☐	☐	☐
支援——对公共事务的支持	☐	☐	☐
野心——表现出做某事的强烈愿望	☐	☐	☐
认可——认可并享受某人或某物的优秀品质	☐	☐	☐
自信——在考虑他人需求的同时为自己发声	☐	☐	☐
吸引力——对他人有吸引力	☐	☐	☐
诚实——在人际关系中要诚实、真挚	☐	☐	☐
权威——有权力或能力控制他人.	☐	☐	☐
自治——独立自主，不受他人控制	☐	☐	☐
觉悟——对自我和他人的认识和感知	☐	☐	☐
平衡——挤出时间来完成必须做的事以及真心想做的事	☐	☐	☐
美——欣赏身边高品质的东西	☐	☐	☐
仁慈——多做对他人友好的行为	☐	☐	☐
魄力——勇于承担风险，行事有信心，有勇气	☐	☐	☐
沉着——不轻易动怒，不受强烈情绪的影响	☐	☐	☐
关心——表现对他人的善意和关心	☐	☐	☐
挑战——尝试超越自己能力的事情	☐	☐	☐
改变——享受各种不同的情境和体验	☐	☐	☐
慈善——为有需要的人提供帮助	☐	☐	☐

价值观	非常重要	一般重要	完全不重要
乐观——用乐观的心态拥抱生活	☐	☐	☐
聪明——机灵，有创造力，智慧，机智	☐	☐	☐
合作——与他人合作，一起完成某项工作	☐	☐	☐
舒适——拥有健康的体魄和优渥的物质生活	☐	☐	☐
献身精神——献身于某项事业或活动	☐	☐	☐
沟通——跟具有相似态度或兴趣的群体接触	☐	☐	☐
同情心——顾及自己及他人的身心健康	☐	☐	☐
信心——相信自己的能力	☐	☐	☐
连贯性——坚守相同的原则或行动	☐	☐	☐
贡献——为他人的利益出一份力	☐	☐	☐
协作——为了共同的目标而与他人合作	☐	☐	☐
勇气——对待事情有信心和勇气	☐	☐	☐
礼节——对他人尊重，有礼貌	☐	☐	☐
创造力——用新的方法表达思想	☐	☐	☐
好奇心——有强烈的意愿去了解或学习新的事物	☐	☐	☐
敢想敢做——有胆量，敢于冒险	☐	☐	☐
决策力——迅速有效地做决定	☐	☐	☐
忠诚——致力于某项任务或目标	☐	☐	☐
可靠性——值得被依赖	☐	☐	☐
变化——拥有广泛的经验和兴趣	☐	☐	☐
义务——按照道德和法律规定行事	☐	☐	☐
生态——尊重环境	☐	☐	☐
共情——理解并顾及他人的感受	☐	☐	☐

价值观	非常重要	一般重要	完全不重要
鼓励——给予他人支持、信心和希望	☐	☐	☐
热情——以享受、兴趣和认可的方式参与体验	☐	☐	☐
道德规范——用道德原则约束自我的行为	☐	☐	☐
优秀——以优秀的标准来规范自我的行为	☐	☐	☐
兴奋——生活充满热情和刺激	☐	☐	☐
表达能力——在行动中表达意义和情感	☐	☐	☐
公平——对待他人要公平、公正	☐	☐	☐
忠实——在忠诚和信任的基础上发展一段关系	☐	☐	☐
名声——被许多人知道	☐	☐	☐
家庭——拥有一个有凝聚力的、有爱的家庭	☐	☐	☐
健身——从事体育活动，强健身体	☐	☐	☐
灵活性——必要时愿意改变或妥协	☐	☐	☐
注意力——专注于某项任务，不分心	☐	☐	☐
原谅——对他人的不良情绪可以放手	☐	☐	☐
自由——按照自己的意愿说话，行事，思考	☐	☐	☐
友谊——拥有友好的关系，相互支持	☐	☐	☐
乐趣——拥有轻松、积极、有趣的体验	☐	☐	☐
慷慨——无私地分享	☐	☐	☐
真实——真诚，诚实	☐	☐	☐
成长——不断地发展和长进	☐	☐	☐
健康——不生病，不受伤	☐	☐	☐
乐于助人——随时准备为他人提供支持	☐	☐	☐
诚实——对自己和他人都要诚实	☐	☐	☐

价值观	非常重要	一般重要	完全不重要
希望——对未来充满积极的期望	☐	☐	☐
谦虚——做人要有谦虚谨慎的态度	☐	☐	☐
幽默——做个有趣的人，做些有趣的事	☐	☐	☐
包容——允许别人的加入，对他人表示欢迎	☐	☐	☐
独立——独自行事	☐	☐	☐
个性——尊重自己区别于他人的品质和性格	☐	☐	☐
行业——工作勤勉，尽责	☐	☐	☐
内心的平静——体验内在的安宁	☐	☐	☐
创新——追求并创造新的方法、观念和产品	☐	☐	☐
启发——在外在的激发下去做一些有创意的事情	☐	☐	☐
诚信——做事要守道德，要诚实	☐	☐	☐
智力——获取并应用知识和技能	☐	☐	☐
亲密关系——与他人分享亲密的联系	☐	☐	☐
直觉——凭本能去理解事物	☐	☐	☐
快乐——能让人感受到快乐的行动	☐	☐	☐
公平——按照规则公平行事	☐	☐	☐
善良——友好，慷慨，体贴	☐	☐	☐
知识——广泛地认识事实，汲取信息	☐	☐	☐
领导力——领导一群人或一个组织	☐	☐	☐
学习——通过学习和体验来获取知识和技能	☐	☐	☐
休闲——参加让人放松和恢复活力的活动	☐	☐	☐
爱——与他人分享感情	☐	☐	☐
专一——对他人表现出忠诚和支持	☐	☐	☐

价值观	非常 重要	一般 重要	完全 不重要
产生影响——对个人、境况或社会产生重大的影响	☐	☐	☐
精通——在某一特定领域拥有全面的知识或技能	☐	☐	☐
正念——有意识地拥抱当下，不加判断	☐	☐	☐
温和——避免极端的行为或观点，寻找中间地带	☐	☐	☐
一夫一妻制——只有一个长期的亲密伴侣	☐	☐	☐
动机——带着热情参与各种活动	☐	☐	☐
不墨守成规——不局限于大众普遍接受的行事方法或信仰	☐	☐	☐
培育——关心、保护他人	☐	☐	☐
思想开放——参考新的意见、想法或信仰	☐	☐	☐
秩序——做事有条理，遵循预先确定的程序	☐	☐	☐
热情——拥有强烈的情感或信仰	☐	☐	☐
耐心——等待期望中的结果，但不轻易激动	☐	☐	☐
平和——以宁静而放松的方式生活	☐	☐	☐
坚定——坚定不移地朝着既定目标努力	☐	☐	☐
个人发展——有意识地追求个人成长	☐	☐	☐
活泼——轻松愉快，充满情趣	☐	☐	☐
欢愉——享受满足和快乐	☐	☐	☐
团结——获得很多人的支持和倾慕	☐	☐	☐
积极——对体验和个人具有积极的看法	☐	☐	☐
权力——对他人具有影响力	☐	☐	☐
准备——随时处于准备就绪的状态	☐	☐	☐
主动性——主动把握，促使事情发生	☐	☐	☐

价值观	非常重要	一般重要	完全不重要
目标——有一个具体的目标并为之努力	☐	☐	☐
理性——行事有逻辑	☐	☐	☐
现实——立足于实践和真理	☐	☐	☐
关系——与他人建立连接	☐	☐	☐
可靠性——值得他人信赖，有连续性	☐	☐	☐
宗教——按照自己的宗教信仰行事	☐	☐	☐
复原力——从困难和挑战中恢复如常	☐	☐	☐
机敏——快速找到聪明的办法来解决问题	☐	☐	☐
责任感——自己的行动值得别人依赖，能够肩负起责任	☐	☐	☐
回应——随时可以轻松做出回应	☐	☐	☐
冒险——冒着可能出错的风险做事	☐	☐	☐
浪漫——具有深沉而激动人心的爱的表现	☐	☐	☐
安全——有安全感，得到保护	☐	☐	☐
接受自己——接受自己，善待自己	☐	☐	☐
自我控制——控制自己的情绪、行为和欲望	☐	☐	☐
自尊——尊重自己，对自己的价值和能力有信心	☐	☐	☐
自我认知——了解自己的价值、能力和情绪	☐	☐	☐
服务——帮助他人，或者帮他人工作	☐	☐	☐
性生活——性生活令人满意	☐	☐	☐
简单——以最低的需求去生活	☐	☐	☐
孤独——远离他人，有自己独立的空间	☐	☐	☐
精神——接触更深层的意义和目标	☐	☐	☐
稳定——过着相当稳固的生活	☐	☐	☐

价值观	非常重要	一般重要	完全不重要
坚韧——遇到挑战时拥有稳定的情绪，不受打扰	☐	☐	☐
成功——完成一个目标，目的达成	☐	☐	☐
团队合作——跟团队一起工作	☐	☐	☐
体贴周到——考虑他人的需要	☐	☐	☐
宽容——尊重不同的意见和行为	☐	☐	☐
传统——遵循前辈的习俗	☐	☐	☐
透明度——开放，诚实，不遮遮掩掩	☐	☐	☐
信任——相信他人所说的真相	☐	☐	☐
值得信任——因为诚实真挚而获得信赖	☐	☐	☐
理解——对他人有同情心和包容心	☐	☐	☐
独特性——独一无二，特殊，不寻常	☐	☐	☐
多功能性——适应各种不同的功能或活动	☐	☐	☐
美德——行事依照高尚的道德标准	☐	☐	☐
愿景——思考将来，为将来做计划	☐	☐	☐
温暖——表达你的热情、爱意和仁慈	☐	☐	☐
财富——拥有大量宝贵的财富或金钱	☐	☐	☐
身心康健——舒适，健康，满足	☐	☐	☐
智慧——拥有经验、知识和良好的判断力	☐	☐	☐
世界和平——为创建更加和平与和谐的世界而努力	☐	☐	☐
劲头——为某项事业付出大量的精力和热情	☐	☐	☐
其他1	☐	☐	☐
其他2	☐	☐	☐

如果你已经确定了哪些价值对你非常重要，下一步就是把你认为最重要的12至15条填到下表中。给每项价值的相对重要性和一致性进行打分（0分为完全不重要，5分为最重要），然后进行排列。排列标准是你目前的生活跟这些价值的一致程度（0分为不一致，5分为完全一致）。

价值	重要性 （0—5）	一致性 （0—5）
1.		
2.		
3.		
4.		
5.		
6.		
7.		
8.		
9.		
10.		
11.		
12.		
13.		
14.		
15.		

一旦明确了自己的价值观，就可以摆脱恐惧驱动下的行动，过上有意义、有目标的生活。在心力训练法的第四步中，我们会重点介绍一个以价值观为驱动力的行动计划，具体包括确定目的、确定以价值观为导向的目标，以及以目标为导向的行动，由此你就可以过上符合自己价值观的生活，走上令自我满意的道路。

第二步总结

在完成第二步之后，你可以：

1. 分辨自己的担忧故事；

2. 分辨无益的应对策略；

3. 理解不确定性和不完美是人生常态；

4. 确定自己最重要的价值观。

现在你已经把恐惧从大脑中清除掉，开始把焦点转移到自己的内心，靠近有目的、有意义、有成就感的人生。

———

我们即将开始心力训练法的第三步，这一步将为你介绍心力训练法工具箱，帮助你更加从容地对抗恐惧，采取符合价值观的行动。众所周知，担忧可能很有说服力；担忧可能会让你不要有所行动，因为做事就有可能出乱子；担忧还可能让你的大脑中蹦出批评的声音，告诉你无论如何你都白费力气。心力训练法工具箱可以帮助你摆脱恐惧，踏上一条通向满足感、韧性和健康的道路。

第三步

—

心力训练法工具箱

Chapter 14

韧性培养工具箱

你比你的恐惧更强大

迄今为止，你已经为心灵力量的培养做出了很多努力，祝贺你！你已经能够分辨出什么时候担忧在支配你，也能够识别出它向你传输的负面信息。你已经明白杏仁体总是固执地坚持自己的运作方式，也懂得战斗或逃跑反应的生理感觉。你知道在面临真实的威胁时，焦虑是有益的，但当它只是你在感知到的威胁下对担忧做出的反应时，则只会起到反作用。

你已经认识到我们在心理上和生理上可能会做出无益的应对策略，这些策略就是前面讲过的"在流沙中挣扎"的行为，虽然目的是自救，然而结果往往更糟。你已经认识了自己的价值观，将焦点从大脑转向心灵，知道哪些价值可以让你更加接近有意义、有目标、有成就感的生活。现在你已经有能力对抗恐惧驱动的想法，让自己的生活跟价值观保持一致。

问题是如何才能保持一致呢？杏仁体设计出来就是为了绑架我们的大脑，扰乱我们的前额叶皮层，使我们丧失理性思维的能力。我们会因为焦虑而感到害怕，又因为焦虑而焦虑，渐渐地从焦虑演变为恐慌发作。

我希望你们都能感受到希望和力量。你已经对这个话题有了一定的认识，这是最有效地摆脱焦虑和压力的工具之一。焦虑已经不再是一个谜了。不仅如此，你也已经知道在必要的时候焦虑其实是你最好的朋友，这一点至关重要。因为从这一步开始，你就能够改变自己跟焦虑的关系。当你意识到自己因为焦虑而焦虑时，最起码可以稍稍给自己松绑了。

———————

下面章节中的内容都是我多年来帮助各个年龄段的人群克服焦虑时所使用的工具。心力训练法工具箱为你配备了多种变革型的工具，为你的生活带来意义、满足和成功。我们将一起通过这 8 个工具和实用战略来帮你战胜担忧，赶走恶霸，按照价值观指引的方向向前迈进。请尽情享用吧！

Chapter 15

第一个工具：把担忧故事放回书架上

忧虑就像一个小说家，所有作品的结尾都很好猜：每个故事的结局都很悲惨

心力训练法工具箱里最强大的一个工具就是对自己的想法有足够的认识。所以我们的首要任务之一就是要在第一时间注意到担忧对你的支配，留意它在对你说什么。我们知道担忧就像一个恶霸，总想引起你的注意，从而触发某种情绪反应。要想减少担忧带来的影响，就要通过培养自我意识来对抗这个恶霸，这一点我们已经在第一步和第二步中讲过了。现在，在第三步中，我们要利用韧性策略来注意并标记担忧问题，从而与它保持一定的距离。

案例分析

艾拉担心的问题主要集中在孩子的健康上。她有个 14 岁的女儿梅，每次梅外出参加聚会，艾拉都会感到焦虑不安。担忧就这样开始束缚艾拉的手脚，它总是静悄悄地来，但它很明白怎么才能让人上钩。担忧正是利用了艾拉的弱点，在她的头脑中播下疑虑的种子，这粒种子就是她最为珍视的东西——她的孩子。

现在我们来看看这种场景是怎样在艾拉的身上展现的。她的理性思维想要反驳，但是担忧总是能够及时回应——担忧是种连续不间断的状态。在艾拉明白这一点之前，杏仁体就已经劫持了她的大脑，于是她开始惊慌失措，总觉得会有可怕的事情发生在梅的身上。

她头脑里的对话可能是这样的：

理性的思维：不知道梅现在怎么样了。

担忧的思维：外面都是坏人。她要是出事儿了怎么办？

理性的思维：不，她当然不会出事儿，她只是跟朋友聚会而已。

担忧的思维：应该没事，但她万一半路出岔子怎么办？要是她和那些朋友聚在一起喝酒呢？万一出了什么大事儿呢？

理性的思维：不，当然不可能有什么大事儿。梅是个懂事的孩子，她不可能乱来的。

担忧的思维：也对，但你怎么确定呢？万一出了什么岔子……

理性的思维：不可能的。或许出了什么事儿，我也不确定。对了！我可以给她打电话。

担忧的思维：没错，但是万一出了事儿，她又没带手机呢？

万一她喝醉了，完全不知道自己在做什么呢？

理性的思维：天哪，我不行了。万一真的出事儿怎么办？我应该考虑得更周到才对。我真不该让她去啊……

杏仁体劫持！

在艾拉的内心深处隐藏着各种强大而积极的个人品质。请记住，我们之所以会担忧，是因为我们在乎。这些年来我帮助过许许多多的成年人、儿童和青少年，我有足够的证据来证明这一点。焦虑往往能够反映出人类最可爱的一面。你是保护者，是领导者，也是战士。因此，尽管焦虑时常让人难受，但我们并不应该讨厌它。你知道它是怎么来的——

因为在乎，所以担忧。

现在你已经通过第一步学会了自我意识，认识到争论、挣扎、试图逃避或者对抗这些想法都是一种心理安全行为，都会让你的焦虑进一步恶化。心力训练法工具箱里最简单、最强大、最有效的工具之一，就是我们不能追随那颗怀疑的种子，落入担忧的圈套，也不能卷入担忧的消极螺旋。我们要开始留意担忧，并把它概念化为一个反复上演的、无聊的而且没有悬念的故事。

还记得第 88 页上那个担忧故事吗？你的担忧故事通常可以分为三大类：

1. "坏事可能会发生"的故事；
2. "结果将是一场灾难"的故事；

3. "你根本没法应付"的故事。

案例分析

卢克的担忧故事是非常具体的，他担心自己会被狗袭击，受到伤害。这个故事在他的脑海中栩栩如生：坏事就要发生了，结果将是一场灾难，他是应付不来的。当担忧故事在脑海中出现的时候，卢克就开始多加留意，他学着跟这个故事保持一定的距离，开始注意故事的发生，并且把它只当作一个故事来接受，而不被故事的内容和细节所迷惑。对卢克来说，脑海中的故事就像一部恐怖片，于是他学着把这部恐怖片当作常见的电影一样来对待。卢克和妈妈有时候甚至为这个概念增加了一些别样的乐趣，他们不再被故事的内容所迷惑，也不再那么严肃地对待它。相反，妈妈有时候还会用幽默来回应，比如，她会对卢克说："如果你要安下心来看这部电影的话，那我就去准备爆米花啦。"

麦克的生活则被好几则故事推上战斗或逃跑的轨道。具体来讲，他害怕自己将来会没钱。担忧一直在折磨着他，越是深究担忧的内容，他就感到越难受。如果我们对故事的内容进一步探究就会发现，麦克最害怕的是没有养家糊口的能力——对失败的恐惧愈演愈烈。从本质上讲，他的挣扎很明显是在跟不确定性做斗争，他的心里充满了对确定性和掌控感的深切渴望。对麦克来说，注意到这个"财务失败"的故事就是一条有用的策略。这样每次当他出现忧虑时，就可以跟它们保持一定的距离。他明白这个故事中的每一章都在讲述同一个主题，那就是获得原本不存在的确定性——所以这个故事起不到任何作用。

麦克生活中的第二则故事是他的"健康问题"。对健康的担忧也同样无时不在地控制着他，迫使他去寻求确定的答案。这种担忧使他对威胁表现出高度警觉，并且陷入消极偏见以及全方位的检查和寻求保证等安全行为。之后每当这种故事出现时，麦克能够做到及时留意，并且不让这些故事继续进行下去，从而避免被杏仁体劫持。麦克通过定期和自己的会计师开会，确保自己能够掌控的财务管理万无一失，从而保持了合理的警惕性，不至于总是处于过度警觉的状态，这样就不再受恐惧的驱使，开始跟自己的价值观保持一致，尽情享受生活。

艾拉的故事跟完美主义有关。虽然艾拉担心的是自己在家不是一个好妈妈，在公司不是一个好领导，然而从本质上讲，艾拉内心的潜在信念是自己必须做到完美才行——这就是"完美主义"的故事。艾拉发现，当这个故事打开的时候，只要自己能够及时注意到，就可以给自己带来莫大的帮助。她开始能够辨认它，把它当作一个故事来接纳，然后带着同情心把这则故事给合上。

艾莉的故事其实和艾拉的很相似，她同样觉得自己必须做到完美才行。但对艾莉来说，她担忧的问题主要围绕对负面评价的恐惧。由于童年有过被欺负的经历，因此艾莉很怕做错事，怕不被别人接纳，怕别人觉得自己有些地方不够好。艾莉确定自己的担忧故事就是"负面评价"的故事。自从跟自己的故事保持一定的距离之后，艾莉发现在负面评价方面，最残忍的欺凌者其实就是她自己，或者说是她头脑中那个批评的声音。所以当她注意到这本故事书打开的时候，她就能够带着同情心把书轻轻地合上。她意识到书里的内容会让她偏离价值观驱动的道路，所以对她的人生方向没有任何帮助。

亚当的故事比较简单。他总是害怕自己的功课不够好，而这最终导致他极度害怕失败。担忧和随之而来的焦虑使他不停采取各式各样的安全行为，最终让他深信"我一定会失败"。亚当的难题在于，打游戏让他上瘾，社交媒体让他分心，这些都形成了强烈、顽固的逃避行为，而这些行为反过来又强化了他的担忧。然而只要亚当认识到担忧的故事正在上演，然后把注意力从结果转移到个人努力上，他就会感到自己更有力量去学习，也更容易放弃安全行为。"我一定会失败"的故事使得亚当深陷拖延症的烦恼，但现在他终于能够重新获得力量了。

为你的担忧故事命名

回想上一次受担忧支配的时候，它在对你讲述怎样的故事？如果把那个故事写成一本书，你会为它取什么名字？现在就想一想这个书名，例如：

· "我还不够好"

· "负面评价"

· "我一定会失败"

· "蜘蛛会杀了我"

· "我是个冒牌货"

· "不能相信他们"

不管这本书写的是什么，我敢保证你已经读过许多遍了，对不对？猜猜书的作者是谁呢？没错，作者名叫"担忧"！有时候担忧会给你读第一章，有时候会读第二章或者第三章，然后又读回第一章。这本书你已经读了太多次了，真的厌烦了！担忧的故事总是换汤不换药，同一个主题，有时候只不过稍微一改人物、地点或者内容。

当你打开书读几页的时候，你有什么感觉？这本书对你有任何帮助吗？没有，这个故事完全没有任何积极的作用，它只会让你更加紧张、焦虑和不安。

这并不意味着要对故事本身或者内容发难，不要忘记，一旦你去深究故事的具体内容，就只会在担忧的旋涡中越陷越深。比如，凌晨 2 点的时候，你越是想睡觉，就越是睡不着。没错，纠结于担忧的内容正是它用来迷惑你的手段之一，你越争辩，它就越强大。你需要去憎恨担忧吗？绝对不要——担忧不是用来憎恨的，无论如何，担忧只是你头脑中的想法而已。当担忧的故事一页页翻开时，你不应该生气。当你憎恨担忧，或者因为担忧而生气时，它就会把你引到愤怒和攻击的歧途，让你的杏仁体火力全开，让战斗或逃跑反应无比振奋。这样反过来就会触发你对威胁的过度警觉，使你的注意力聚焦于担忧的故事。你要做的就是注意到担忧这个恶霸的存在，但不要给它过多的关注。你要把注意力转向自己喜欢的事情上，而不要听从担忧的摆布。你可以采用下面的步骤：

1. 注意到担忧这本故事书什么时候打开；

2. 把它标记为担忧故事——"我认识你，你就是那个'我不够优秀'的故事"（也可能是别的担忧故事）；

3. 带着同情心，轻轻地合上书，放回原处；

4. 缓缓地深吸一口气，留出空间，选择另一种符合自己价值观的行动；

5. 继续一天中的其他安排（也有可能是在晚上），做些符合价值观的事情，不要受恐惧支配。

> 　　总而言之，我们要留意，要观察，而且要允许它的存在，然后重新回归自己的价值观、人生目标、策略以及符合价值观的行动（下面即将探讨这些内容）。
>
> 　　把注意力转向你喜欢的事情上，不要听从担忧的安排。当然，担忧可能会一次又一次地让你重读那些故事，但你现在很清楚应该怎么做——按照上面的步骤，践行就好。

想法终究只是想法

　　那么，如果担忧没有变成我们头脑中那个全知全能的声音，它会变成什么呢？简单来说，担忧只会变成想法。在抵御担忧方面，我们有一项超能力——我们能够认识到担忧其实没有任何力量，因为说到底，担忧只不过是种想法而已。现在让我们来想想这个问题。

　　我们在一天中有多少个想法？你觉得呢？600 个？6000 个？虽然结论不一，但有研究表明人类大脑在一天中大概可以经历60000 个想法。60000！很难相信吧？

　　不管是 600 还是 60000，我们能够记住的都是哪些想法呢？没错，我们能记住的总是那些不好的想法，比如，我们会把演讲搞砸；我们会说一些蠢话；别人不会喜欢你的，所以别去参加那项活动；我们会出事儿的，会有危险。由于我们固有的消极偏见和对威胁的过度警觉，我们总是被这 60000 个想法中的一小部分支配着。然而它们全都是一样的，它们只是想法而已。

下面让我们花点时间来思考一下"想法"是什么：

· 想法只是些句子；

· 句子里只有单词；

· 单词里只有字母；

· 字母只是些形状；

· 形状只是我们大脑中的神经脉冲！

是的，那些随机的神经脉冲在我们的大脑中胡乱涂鸦，描画各种形状，而我们竟允许自己被这些神经脉冲肆意支配！我们允许这些形状来决定我们的快乐和悲伤，决定我们强大还是软弱，决定我们是否感到害怕、愤怒或者平静。

通常情况下，我们会被这些消极的想法所迷惑，虽然它们的存在并没有什么坚实的证据。消极的想法往往又带来更多的消极想法，这样就触发了战斗或逃跑反应。一旦战斗或逃跑反应被激活，理性思维就越发困难，我们就会被自己的杏仁体劫持，因而更难跳出负面的旋涡。于是雪球越滚越大，还没等我们看明白，就已经掉进了巨大的压力泥潭！

幸好我们随时都可以赋予自己力量。我们可以选择是否听从忧虑。担忧本身其实并没有力量，除非你赋予它力量。我们随时都可以创造一个空间，决定是被吸入担忧、自我怀疑、自我批评以及其他消极的想法，还是走上不同的道路。我们随时都拥有选择权。

请记住，我们这里所做的，或多或少是在改变一种心理习惯，而这种习惯就是担忧。我们都知道，习惯是很难改变的，然而只要有动力，有决心，坚持不懈，持之以恒，习惯其实是能够被打破的。担忧可能会蛊惑你，让你觉得结果会是一场灾难。我们要学会接受它，把它当成是担忧的又一种伎俩，然后学着把那本熟悉的旧书放回原处。

有些忧虑是你能够控制的，对于这些想法，你要把注意力从问题转移到解决办法上。关注解决办法就意味着不管是解决问题，还是规划行动，你都在围绕着自己能够掌控的事情展开，这跟沉湎于忧虑大相径庭。我们会在第 18 章中进一步探讨这个问题。

Chapter 16

第二个工具：
通过正念解决杏仁体劫持问题

创造空间，选择价值，摒弃恐惧

要想明确地选择价值，摒弃恐惧，我们首先要学会让杏仁体安静下来，让自己跳出战斗或逃跑的状态。这一步其实并不容易，因为从本质上讲，这是让我们超越自己的原始生理本能。众所周知，杏仁体的固有程序就是劫持我们的大脑。如果你正处在生死关头，那么当然希望能够启动生存本能，迅速逃跑或者奋起反抗，争取保命。然而在处于感知到的威胁或者担忧状态下，我们并不需要警铃大作——这往往是一个假警报，只是担忧在提醒你要做出反应。因此，我们必须学会让杏仁体安静下来。

心力训练法工具箱中有一个强大的工具，可以使兴奋的杏仁体安静下来。这个工具叫作"停止策略"，包含四个步骤：

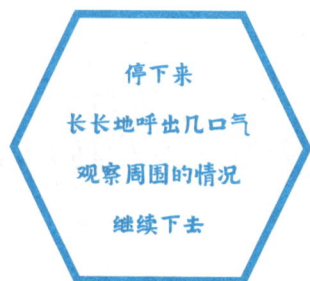

停下来
长长地呼出几口气
观察周围的情况
继续下去

第一步：停下来，抵制杏仁体的劫持行为

杏仁体本来就是被设计成在出现突发的紧急事件时发挥作用，所以我们首先需要将它截停在启动的路上。这可不是一件容易的事，因为我们的大脑天生注定要被杏仁体劫持，这样在遇到真正威胁的时候就可以让我们保持警觉活下来，所以我们必须目标明确地对抗这样的天性。现在我们已经明白，我们只能改变那些首先认识到的东西。因此每当杏仁体启动的时候我们都要对它有清晰的认识，并且了解它给你带来的具体感受，这样你才能采取有效的行动。

当杏仁体开始运转时，你的交感神经系统和战斗或逃跑反应都会被激活，由此带来一系列的生理感受。如果身体是在危险的情况下帮你去战斗或者逃跑，那么这些感受都是有意义的，但如果它只是对感知到的威胁所做的反应，那么就是无益的。思考一下你会有哪些生理感受：

· 你的心率是否开始增加？

· 你的呼吸是否变浅、变急促？

· 你的肌肉是否开始紧绷？

· 你是否感到头重脚轻？

· 你的四肢是否有刺痛或者过电的感觉？

· 你是否进入战斗状态，体会到相应的生理感受，并为此而恼怒？

· 你是否因为紧张而更加紧张？

· 担忧的故事是否开始劫持你的大脑，让你把所有的注意力都集中在担忧的故事上，并且因此带来更多的担忧和恐惧？

你要注意到担忧何时开始对你指手画脚，然后立刻采取行动，对它说"不"。由于担忧会想尽一切办法来说服你去相信它，所以你必须采取强硬的态度来反抗。我们要对那些身体上的感受具有充分的意识，认识到它们就是杏仁体劫持下的表现。下面进入第二步。

第二步：慢慢地呼出几口气

让我们来看看交感神经系统被激活时，我们的呼吸通常有哪些特征。肾上腺素会使我们的心率加快、呼吸加速并且变浅。由于身体正在为保护自己、维持生命做准备，这样的改变就可以为你的肌肉提供所需的氧气。为了抵御杏仁体劫持，我们会怎样呼吸呢？

通常意义上，平静的呼吸指的都是深呼吸。"深吸一口气，你就会没事儿的。"我们常常听到这样的说法，对不对？问题在于，当杏仁体开始运转，交感神经系统被激活时，我们全身的肌肉，包括胸部和腹部的肌肉都会绷紧，而在肌肉紧张的情况下去深呼吸，常常会给人一种感觉，觉得无法吸入空气，也就是我们所说的"无法呼吸"。在这种情况下，深呼吸实际上会让焦虑恶化。我们可能会用灾难性的方式来解释这样的生理体验，并且因为无法呼吸而感到焦虑，这样便引发了更进一步的战斗或逃跑反应，最终可能就会演变成恐慌发作。

正因如此，我们要做的不是挣扎着吸气，刚好相反，我们要慢慢地、长长地呼气。最好的呼气方法就是把嘴唇抿住。

心力训练行动

练习慢慢地呼几口长气

想想你喜欢吃的热食或者喜欢喝的热饮，比如，南瓜汤、热茶等。想象一下，汤或者茶有点烫，还不能立刻入口，要等它们凉下来。慢慢地呼长气就像吹凉这些热茶热饮一样。现在我们假设要让这杯热茶凉下来，试着练习一下，或者也可以想象自己在吹生日蜡烛，或者吹泡泡——缓缓地长呼几口气可以帮助我们回到当下，跳出战斗或逃跑反应。

在呼气的时候，看看身体哪些部分会因为焦虑而体现出肌肉紧张或生理反应，继续呼吸，观察它们，允许它们存在。我们不用去憎恨它们，跟它们做斗争，或者摆脱它们，我们要做的就是注意到它们的存在，为它们提供空间、善意和爱。等你慢慢地呼了几口长气之后，不要有意去吸气，只需让肺部自然而然地充盈——我们要让肺部来做它应该做的工作。

假如你喜欢视觉想象，也可以在呼吸练习中加入下面的视觉化内容：

·每一次呼气，都是在把担忧、压力、烦躁、坏情绪和痛苦排出去。每呼出一口气，都可以观察到"担忧""恐惧""焦虑"（或者你能想到的其他词语）这些单词中的字母一个个地被吐出去；

·在呼气和吸气之间要有停顿；

·每一次吸气时，可以想象自己把绷紧的肌肉打捞起来，让呼出的空气把它带走。

记住，从呼气开始，把压力吹走；在呼气和吸气之间要有停顿；吸气时，让肺部自然充盈。

你的身体可以欺骗你的大脑

"停止策略"的基础就是大脑的生物反馈。对于大脑来说，某些事物之间是相互关联的。例如，大脑中的神经化学物质向身体发送信息，让你的肌肉紧绷，呼吸变浅加速，然后大脑就会把这些内容跟焦虑感联系起来。我们可以通过生物反馈让身体反过来影响大脑，而不是让大脑对身体发送特定的指令。通过生物反馈，告诉大脑现在要想不焦虑，最好的办法就是放慢呼吸，这样就能战胜杏仁体劫持。你是通过欺骗大脑的方法来摆脱战斗或逃跑反的，这样就能够关闭警报器，让自己平静下来。

第三步：观察周围的情况

通常情况下，当你处于战斗或逃跑的状态时，你的大脑会专注于那些对你构成威胁的东西，所以你会一直对威胁产生高度警觉，要么聚焦于高度的焦虑感，要么聚焦于担忧。担忧会让你觉得未来充满各种消极的可能性，这些可能性往往是灾难性的，或者说是最坏的情况。例如，你会担心自己的表现，担心自己是否会出丑，是否会说错话，会不会看起来不合时宜或者尴尬，甚至某些特定场合是否会发生危险。同样，你的大脑可能会聚焦于恐惧驱动的行为，例如，你可能在设想一个逃生计划，琢磨着万一在餐厅里感到不舒服，应该从哪个出口逃跑。

这种内在的、受恐惧驱动的关注会让焦虑持续存在。如果你的前额叶皮层依然聚焦于感知到的威胁，重新触发杏仁体劫持，那么之前缓慢呼长气所起的作用也就荡然无存了。

所以成功的关键在于把注意力向外转移，观察我们周围正在发生的事情。这是一种强大的、有意识的行动，通过有目的地聚焦于当下，我们自然就把注意力从对未来的担忧上转移开了。这种行动实际上跟你所想的东西可能正好相反。我们不需要按照之前所说的"粉色大象"的实验来抵抗或者抑止忧虑，而是要注意到忧虑的存在，把它们标记出来，然后通过有目的的观察来把想法拉回当下。

同样，你可能觉得一旦杏仁体试图劫持你的大脑，你就要奋起反抗，但这样做的副作用是会让你因焦虑而变得愤怒、沮丧，对自己失望。你可能会觉得自己很没用、太敏感、一无是处。这种对情绪的"无效"认识只会进一步点燃杏仁体。那么我们怎样才能在不妥协的前提下倾听杏仁体的诉求呢？其实就是要学会接受它。没错，让杏仁体劫持平静下来的最好方法就是带着好奇心去接受它、观察它、允许它存在，但不要做任何评判。

这就是"正念"。正念的本质是有意识地观察你的内部和外部经验，并允许它们的存在，在此期间需要带着一颗不做评判的好奇心。它是：

· 当下的意识；

· 观察；

· 允许；

·有目的；

·不加评判。

　　我们不要带着任何目标或目的去观察杏仁体所带来的身体反应，只需要和它一起在场，观察它并允许它存在。在接受杏仁体和焦虑感的时候，我们其实是一边呼吸一边战斗或逃跑的，而不是为了摆脱战斗或逃跑的反应而去呼吸。也就是说，我们是在呼吸的同时进行观察，并允许这种反应的存在。

　　接受和对抗正好相反。正是因为对抗，你才会有战斗或逃跑的反应。所以尽管不确定性让人感到难受，我们也要尽量尝试跟这种难受和解。这种感觉也许会停止，也许不会。跟不确定性和解之后，你会去观察和包容，而不再去反抗和战斗。你会发现情绪的激烈程度不但不会增加，反倒开始减弱。这听上去是一种非常矛盾的效果。当你不再跟情绪打擂台的时候，那些情绪才会真正消解。这时候杏仁体的诉求已经被听到，警报器也随之关闭了。

正念
成为一个观察者，
客观地观察你自己的想法

这些想法是由恐惧驱动的，还是由价值观驱动的

我们要观察战斗或逃跑反应的感觉，不要对抗，要允许它们存在，平心静气地接受。此外，我们也要对自己的想法采取相似的策略。这就要求我们成为一个旁观者，客观地看待自己的想法。尝试一下跟这些想法保持一点距离，你是否能把它们和自己分离开来看待呢？

你是否可以把自己的想法想象成屏幕上的电影字幕？就像看一场电影或者读一本书，那些字幕也许会触发某些情感反应，但它们终究不是真正的你——

它们只是你头脑中上演的剧本而已。

与想法保持距离可以帮你成为一个更为客观的观察者，这样你就可以运用心力训练法，问问自己，这些想法究竟是由恐惧驱动的，还是由价值观驱动的？

心力训练行动

专注于你的五感

有一个简单的方法可以对当下进行有意识的观察，那就是把聚光灯从忧虑转向外部，积极地关注五种感官：

· 你能从周围看到什么？

· 你能从周围听到什么？

· 周围有什么你能够触摸到？

· 你能尝到什么味道？

· 你能闻到什么味道？

这就是正念的精髓。这种强大的工具可以帮你抵御杏仁体劫持，重新调动自己的副交感神经系统。想要细心觉察五种感官有一个好方法，那就是每日进行正念行走。试试在家门口的街道上步行，专注于跟自己当下相关的任何感官，有意地放缓自己的呼吸，注意那些想法什么时候会出现，然后让它们自行消失，重新投入身边的环境中。关于注意力的培养，可以参见第148页。

第四步：继续下去，确保行为符合自己的价值观

当你停止胡思乱想、慢慢地呼出几口长气、关注自己的五种感官时，其实已经拯救了被劫持的大脑，进入比较平静的状态。接下来你就可以开始下一步了。这一步的要求很简单，那就是继续做焦虑发生前你在做的事情，看看你能否有意识地沿着价值观引导的方向前进。

额外的情绪分层

记住，心力训练法的关键就是认识到我们并不能随时掌控所有情况，但是我们可以选择对那些情况的反应方式。这对你的想法、情感和行为都适用。比如说，想象你摔了一跤，摔断了胳膊，现在打着石膏，很疼。你对自己受伤的胳膊会有怎样的感觉？

你可能会因为胳膊断了的事实而生气。你的生活本来进行得很顺利，你可能已经进入职场，或者还在读书；你有一些项目要忙，生

活过得很充实；你有好多事情要做，而现在你把胳膊弄断了。所以，除了愤怒，你还为断了的胳膊感到沮丧。而你的愤怒和沮丧又让你对断了的胳膊产生过度警觉——你的注意力总是停留在那条胳膊上，这又加剧了你对疼痛的感知。这时候消极偏见就出场了。你开始不停地担忧，开始思考所有可能出错的事情。担忧告诉你说："这将是一场巨大的灾难……永远都不可能恢复如初了……你会丢掉工作……那些该做的工作，你永远都做不成了。"接着焦虑开始蔓延，杏仁体被劫持让骨折处的肌肉绷得更紧，反过来让你疼上加疼。随着疼痛的加剧，你的情绪也越来越差，悲伤逐渐恶化为抑郁，抑郁的结果就是你不想再参加任何活动，不想出门接触大自然，不想见朋友，也不想做任何有价值的事。这变成了一个恶性循环……

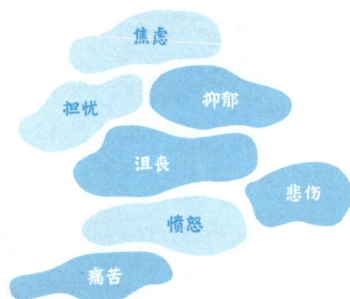

重新训练你的大脑

大脑的奇妙之处在于，它会根据你的环境体验不停地改变和调整自己，这就是神经可塑性（neuroplasticity）。你的大脑在不断地生成新的神经网络，这些网络在新内容的基础上不断地适应和进化。因此，完全可以让大脑经过重新训练后，学会花上一些时间来观察和接受当下的体验。促进这个过程的心力训练行动叫作"注意力训练"。

心力训练行动

注意力训练

　　要想训练注意力，可以挑选一个平和的活动，每天做两次以上，并在从事这些活动的时候观察自己的五种感官。还记得第145页的"心力训练行动"吗？喝茶就很适合这项训练。觉察当下的感官包括喝下那杯茶，每喝一口，都要观察自己能够看到什么，听到什么，触摸到什么，以及尝到和闻到什么。在觉察每一种感官时，只要简单地观察，并允许那一刻存在这些感官体验。我们的任务不是去评判这些感官，比如"这杯茶味道不错"；我们只要在那一刻跟自己的感官同在就可以了。如果你注意到脑海中出现一个评判的念头，那么只要加以注意、观察，允许它像空中的浮云一样飘过即可。

　　我们已经知道，每当你试图控制自己的想法，跟它们斗争，或者想方设法摆脱它们的时候，这些想法就会在你的脑海中钻得更深。试图对抗、阻挡、摆脱这些想法，正是导致你困在其中的原因。注意到这些想法，观察它们，允许它们的存在，却可以让它们随风飘散。

　　在练习的时候，对于忧虑和担忧故事，你也可以用同样的方式来注意它们，观察和允许它们的存在，然后让它们自行消失，不被这些想法的具体内容迷惑，否则就会让担忧的雪球越滚越大。

有哪些中性活动可以用来训练注意力？我们可以在下列活动中观察自己的各种感官：

- ·吃早餐、午餐、晚餐；
- ·洗澡；
- ·刷牙；
- ·梳头；
- ·乘公交车或火车；
- ·公园里散步，或者步行上班、上学；
- ·喝水。

日常生活中有很多事情可以用来训练我们的注意力，你可以尝试把它们融入自己一天的活动中，让自己不再焦虑，不再有压力，让自己的行动既可以执行又充满灵活性。

Chapter 17

第三个工具：跟不确定性握手言和

停止跟不确定性的对抗，与它和平相处，才最有机会获得成功

心力训练法的第一步告诉我们，没有人喜欢不确定性。这一点可以追溯到古老的穴居时代，洞穴拐角处很可能潜伏着一只剑齿虎，随时可能吃掉我们。可预测性就等于安全——如果你拥有了可预测性，一切就都在你的掌控之下，这样就可以确保万事大吉了。

这个时候担忧出现了。它像一头披着羊皮的狼，告诉你只要听它的，它会帮你搞定一切。担忧跟你说，你越是在恐惧中挣扎，就越接近确定性。它的话语极具煽动性，因此你听从了它，也由此陷入了忧虑的旋涡，跟不确定性死磕，尝试一切办法确保坏事不会发生，尝试去获得确定性。这就像参加重量级拳击冠军赛一样，你把自己置身于拳击场，而你的对手就是不确定性。你不停地出拳、出拳、再出拳，但对手的力量是你无法招架的——你的对手是永远的赢家。这是为什么呢？

因为这个世界上根本就没有确定性，永远都不会有。

跟不确定性站在同一个擂台上，不但不会赢，而且站上擂台的本质就是让杏仁体处于激活的状态——你的交感神经系统会持续运转，肾上腺素和皮质醇会在你的血液中汹涌澎湃。这就是焦虑的核心所在。你与不确定性的斗争就是触发生存本能的最重要因素之一，只要置身于拳击场上，大脑中的警报器就会一直嗡嗡作响。

跟不确定性和解

成功的关键始于一个词，那就是"接受"。无可避免地，你要学会接受不确定性，只有这样你才能看清价值观引导的方向，重新走上正确的道路。你要明白自己永远都不可能赢得这场拳击比赛，因为你永远都不可能对未来做出完全准确的预测。我们的生活中总会有一些不确定的因素，而当你跟这些不确定的因素做斗争时，你就会保持焦虑。所以你要走出拳击场，让自己适应不确定性所带来的不适感。这可以增强你的韧性，削弱战斗或逃跑反应。

不要误会我的意思，我并不是叫你放弃希望或者完全不作为，我只是让你把自己的精力重新集中到能够掌控的地方。

所以，下次担忧让你跟不确定性斗争的时候，你就要提出反对意见，目标明确地倾向不确定性。让自己有目的地接触这个概念，跟不确定性带来的不适感和解，不要想着摆脱它，也不要变着法儿地安抚它。试着对自己说：

　　它也许会，也许不会；

　　它也许是，也许不是；

　　它们也许会，也许不会。

专注于解决当下的问题。让自己清醒地忍受不确定性带来的不适感，但不要尝试摆脱它，一段时间后，你就能看到焦虑逐渐消失。

Chapter 18

第四个工具：从担忧转向解决问题

将注意力从结果转向过程

心力训练法的基础，就是从战斗或逃跑的路径转向价值观驱动的路径。这就是过度警觉跟警觉之间的区别：过度警觉通常都是受恐惧驱动的，而警觉则是受价值观驱动的。当你保持警觉时，你的行为会更符合自己的人生价值，例如安全感、爱、保护、身心健康等。当你的想法、感受和行动跟价值观驱动下的警觉保持一致时，你就不会再因为过度警觉而感到担忧或者大难临头，而是积极地解决问题，规划行动。

让我们仔细分析一下。你很重视家人的福祉，所以会保持警觉并采取实际行动来确保他们的安全、健康和幸福。

你在这方面可以采取的相关行动有：为家人准备均衡健康的饮食；当孩子生病的时候带他们去看医生；去海边玩时会涂上防晒霜；过马路时教孩子们左右看。举个例子，如果你13岁的儿子周末要出门，你可以用一些谨慎而实际的行动来确保他的安全。你可以及时了解网络安全和青少年心理健康方面的专业知识，问清楚儿子的具体安排、和谁在一起等。你还可以给他配备一部手机，这样随时都可以联系到他。你也可以联系儿子朋友的父母，及时告知他们儿子周末会过去等。

相反，当你被恐惧驱使时，本能的过度警觉就会发挥作用。你会担心所有可能出错的事情，更多地采取恐惧驱动下的行为。例如，为了获得确定性，你会过度检查、逃避、保护、忧心等。

过度警觉的出现是因为我们不能容忍不确定性，所以采取大量的安全行为，意图消除坏事发生的可能性。问题是，你之所以陷入困境，就是因为你一直在寻找原本不存在的确定性——所以从一开始你就是在为注定的失败做准备。你会因为过度警觉而一手把自己推到焦虑的火坑里。

这并不是说我们要把谨慎抛在脑后。我们当然希望自己和家人朋友都能平平安安、事业有成、志得意满。这个世界并不完美，在这个不完美的世界上，丑恶的事情不断地发生，而真正重要的是，我们是否能够用价值观驱动的警觉——而不是恐惧驱动的过度警觉——来应对这些事情。

因此，让孩子待在家不出门，或者不停地查问孩子们在哪儿，这些试图获得确定性的行为会让我们陷入战斗或逃跑反应中。我们不是在用价值观驱动的行为来确保家人的健康幸福，我们只是在恐惧的驱动下试图避免不确定性而已。我们真正需要做的，是不要再过度警觉，不要担心，不要寻求确定性。我们要把注意力转向警觉，去解决问题，去接受不确定性所带来的不适感。

从结果转向过程

不确定性和担忧所产生的不适感，一部分来源于对结果的过分看重——你觉得自己必须知道结果，而且结果必须是完美的。这么做其实是在向担忧缴械投降，把你自己困在焦虑中。你努力去争取一个确定的结果，但实际上你只是在试图实现一个无法实现的目标。

我们有一个更好的选择，那就是建立自我意识。当你的思维又跳跃到结果上时，你要注意到这一现象，并把它带回到过程中来。你没法控制结果，但是你可以控制过程，控制自己的努力和付出。影响你的韧性和幸福感的三个至关重要的步骤是：

1. 当你的思维集中在结果上时，要有所警觉；

2. 把注意力拉回到对过程的专注上；

3. 为自己在过程中付出的努力感到自豪。

别那么早去担心，专注于解决方案

有一种强大且实用的策略可以帮助你克服过度警觉，终止受恐惧驱动的行为。没错，第一步就是熟练地识别担忧的外观和声音，你甚至可以给它取一个名字。

第一步：当忧虑出现的时候，记下它

担忧想告诉你什么呢？你可以在记事本上，或者在手机的备忘录上记下来。是的，担忧就像山上滚下来的雪球一样——你越关注它，它就越大！如果把忧虑单独记下来，你就可以跟它们保持一点距离，防止它们滚得太快，失去控制。

第二步：每天选择固定的时间，花上 15—20 分钟处理你列出的清单

坚持每天在特定的时间点处理你列出的担忧清单，这个时间最好是在下午。如果你发现自己的担忧非常顽固，很有问题，尤其是在晚上，那么可以把这一步改成每天两次，上午一次，下午一次。这些方法没有对错之分，只需要考虑清楚怎样的方式最适合你，然后把它们融入一天的安排中。在查看清单的时候，你可以试着区分：

1. 跟你已经没有关系的事件

这些事情该怎样处理？没错，直接删除，或者划掉。

例如，你可能一直因为与某个同事出现了意见分歧而困扰，但当天晚些时候你们俩一起出去吃了顿午餐，吃完就和好了。已经解决的问题就不要再纠结了——删除！

2. 你无法控制的事件

例如，你可能很纠结自己刚提交的作业或项目是否足够好。担心自己无法控制的事物是徒劳的，除了耗费你的心力、让你难受，没有任何作用。而我们一旦试图跟确定性做斗争，我们每天就会花费大量的时间沉浸在原本无能为力的事情上。

3. 你可以控制的事件

有些想法你可以在一定程度上加以控制。比如，你可能一直在纠结跟老板提加薪的事，又或者因为跟你的对象或朋友吵了一架而困扰。

4. 你非常担心结果的事件

专注于结果会引发我们的压力和焦虑，因为结果的不确定性会给我们带来不适。所以我们要辨别有哪些想法让我们只关注结果，然后学着把注意力带回到过程上来，这样才能有所帮助。当结果无法控制时，如果我们能专注于过程，就可以更好地在可控的范围内解决问题，规划行动。

第三步：练习正念策略，放下无法控制的事件

对于忧虑，有效的策略应该能够帮助你放下它们。这里有一个效果很好的练习：想象一片叶子沿着幽美的小溪漂流而下。把那

些忧虑捆起来，放到叶子上，让它们顺水漂走——只要你愿意，甚至可以让它们沿着瀑布倾泻而下。

第四步：把担忧转化为解决方案

对于你能够控制的那些忧虑，你要把自己的思维从关注问题转向关注解决方案。以解决方案为重点就意味着你的目标是解决问题，规划行动。这跟纠缠于担忧大不一样。担忧只会带来更多的烦恼，而专注于解决问题则会带来解决方案！

解决问题的过程其实非常简单，其中包括以下步骤：

1. 以解决方案为核心，用具体的术语说明问题；

2. 集思广益，寻找解决方案；

3. 制订行动计划；

4. 落实计划；

5. 根据需要，审核并修改方案。

案例分析

艾拉在某次谈话中提到，她的丈夫在工作中经历了一段非常艰难的时期。公司为了削减成本采取了大量的措施，而她的丈夫在一次裁员中丢了工作，这给艾拉带来了巨大的压力。她担心丈夫没法在竞争激烈的职场上找到一份适合自己专业的新工作。对未来的不确定让她陷入了恐惧，整夜整夜地失眠。她把丈夫的压力扛在了自己的肩上，希望能减轻他的痛苦。

这种典型的经历为艾拉提供了一个绝佳的机会，让她可以练习忧虑推迟、问题解决和行动规划策略。艾拉每天都会留意脑海中冒出的忧虑，但她没有让这种忧虑疯长，而是在手机的备忘录上记下这些想法，这就避免了担忧像滚雪球一样肆虐。

艾拉发现某些同类的想法会反复出现，比如，她总想着自己在工作和家庭中做得不够好，害怕负面评价，害怕自己做得不够多，害怕孩子和丈夫的健康有问题。她发现把夜晚出现的忧虑记下来效果最好，因为她感觉一旦把它们记下来就好像捕获了它们一样，她可以在之后特定的时间来处理它们。她用自己的力量战胜了担忧，而不是像以前那样向它投降。

艾拉会在每天下午 4 点左右处理担忧清单。如果前一晚问题比较大，她有时也会在第二天上午 10 点左右额外处理一次。艾拉把自己的担忧清单分为四个不同的类型：

· 不再相关的事务；

· 她能够控制的事务；

· 她无法控制的事务；

· 以结果为重点的事务。

她清单上的这些事务一部分在她的控制之中，还有一部分在她的控制之外。

学习将担忧转化为解决问题让艾拉对自己的想法保持一定的客观性，并且认识到一味地纠缠于无法控制的事物其实是没有意义的——担忧不能带来任何好处。

通过练习，艾拉越来越能够放下忧虑，不再纠结于自己无法控制的事情。不确定性依然会让她难受，但她接受自己带着这种不适感生活。她还学会了识别那些反复出现的担忧故事。她把这些担忧写进一本书里，取名叫作《不够好》，然后把故事书重新放回书架。她已经能够轻松地辨认出，清单上某些忧虑通常只是书中的不同章节，但都同样的无聊、无益。那些故事除了让她感到焦虑、备受压力、疲惫不堪外，一无是处。

然而，的确有些想法是处在她控制之下的。对于这样的想法，艾拉全都采用了问题解决策略。例如，艾拉纠结于丈夫被裁员这件事，围绕这个主题涌上来的念头都有点相似：

·这对我们的生活意味着什么？

·我们的孩子还能在现在的学校继续读书吗？

·如果他要花很长时间才能找到新工作怎么办？

·如果他再也找不到工作了怎么办？

·别人会怎么看他？

·别人会不会觉得他是个笨蛋？

·朋友们会不会对我们退避三舍？

·这种压力会不会影响到我们的婚姻？

·如果他完全招架不住怎么办？

·如果他抑郁了怎么办？

·我接下来又该如何应对？

·我需要他当我的坚实依靠。如果他压力过大，再也无法支撑怎么办？

艾拉知道自己对这个问题的担忧很多都是她无法控制的，但在某些方面她仍然可以采用实质性的办法来解决问题、规划行动。

具体来说，她解决问题的方式如下：

1. 以解决方案为目标来说明问题

·帮丈夫找工作并制订财务计划，最大限度地提高财务稳定性。

2. 广泛收集解决方案，制订行动计划

·查看财务状况以及每个月的预算；

·确认并减少短期内不必要的开支；

·面见会计师；

·跟进社交媒体朋友圈里的潜在客户；

·联系朋友，一起帮丈夫找工作；

·学会对自己好一点，认识到这是丈夫的任务，不是我的任务，我能做的是尽我所能帮助他。

3. 根据需要进行复查和修改

通过把注意力集中在解决问题上而不是忧虑上，艾拉获得了更多的精力和韧性，成为自己喜欢的那种支持丈夫、充满爱心的妻子。支持和爱是由价值观驱动的，而不是由害怕自己不够好的恐惧驱动的。通过这种实用的策略，她把焦虑转化为一种力量，让自己变成丈夫的队友，帮助他尽快找到新工作。

Chapter 19

第五个工具：直面曾经试图回避的情境

从预期转向行动

当人们踏上由恐惧所引导的道路后，一个最为常见的安全行为（或者说无益的应对策略），就是"回避"。这就是战斗或逃跑反应中"逃跑"的本质。如果你的大脑把感知到的威胁认定为真实的威胁，那么你的生存本能就会告诉你要回避这样的威胁。但是当你受到担忧的支配时，你就更想待在那个小小的舒适区里，错过本应得到的充实的生活。被恐惧和回避支配会让你对生活产生不满。你本来一心想做那些符合你价值观的事，却因为听从担忧的劝说而放弃，最后只能眼睁睁地看着生命白白流逝。

虽然焦虑影响着我们每一个人，是生活中一个正常的组成部分，但有时候一想到去接近那些曾经回避过的情境还是会令人感到害怕。这就是所谓的"预期区"（anticipation zone）。担忧会利用这个手段让你陷入困境。

"预期区"通常是最糟糕的一部分。担忧劝你回避、回避、再回避。接近曾经回避的那些情境？担忧会对你说，想都不要想，因为你一接近就会大难临头。担忧会把这种回避堆成一个巨大的山峰——它大到让你一想到离开"预期区"，就好像即将要攀登珠穆朗玛峰一样。问题是，如果你一直守在"预期区"里，你就永久地剥夺了自己进入"真实区"的机会，这样你就永远不可能知道自己的担忧是错的，不知道事实完全没有那么坏，不知道有些事情即使没有完全按照计划进行，结果也并非一场灾难，你完全可以运用韧性策略去应对一切。如果你长期被困在"预期区"里，就会心生恐惧，觉得一旦进入"真实区"准会遭遇什么恐怖的事情。

然而"真实区"才是人生的乐趣所在，在这里你才能过上符合价值观的生活，你的人生才有意义、有目标，才能充实起来。认识到"预期区"比"真实区"更糟糕的唯一方法，就是去接近"真实区"，不要再回避它。这就意味着我们要去攀登那座像珠穆朗玛峰一样的东西，并从经验中认识到担忧是错误的。

好消息是，那个"珠穆朗玛峰"其实根本就不是一座山。这也是担忧的伎俩之一。这个"珠穆朗玛峰"其实更像是一个土堆，当你不再回避，而是选择接近时，它就会变得越来越平坦，越来越容易走。这条路在不知不觉中变成了一条熟路，这样你就可以用更熟悉、更轻松的方式从"预期"走向"真实"。

预期　　　　　　　　真实

回避的"珠穆朗玛峰"

　　心力训练法工具箱中有一个关键的工具，就是逐渐接近曾经回避过的情境。这样做的妙处在于，当你逐渐接近曾经害怕的情境，从舒适区一步步走出来时，就意味着你会让自己认识到：

　　1.坏事并没有发生；

　　2.即使事情没有完全按照计划进行，结果也没有那么坏了；

　　3.你应对得比想象中更好——担忧是在骗你呢。

　　当你选择直面恐惧而不是回避它时，还有另外一个巨大的好处：你并不只是走出了舒适区，而是创造了一个崭新的、更大的舒适区。你会渐渐习惯与这些情境相处，不会再感觉那么可怕了。

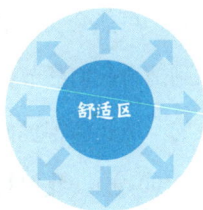

想要享受沙滩的美，就要习惯海水的凉

有一个类比可以让你很好地理解这个过程。我们可以把走出"预期区"想象成习惯沙滩上的海水的过程。当你第一次把脚趾放进水里时，可能会觉得水很凉，很不舒服，但这又能怎样呢？你会慢慢习惯它，然后迈出一小步，再迈出一步，这样你就能够接受刚才还让你觉得不舒服的体验了。最后你就可以直接跳进水里，痛痛快快地体验游泳的乐趣。

走出"预期区"，跳进"真实区"也是如此，你会慢慢习惯之前一直回避的那些情境。一步一步地接近这些情境，你就能够学到新东西。你以前觉得很可怕的东西，也会变得没那么可怕——接近它，而非回避它，这才是培养你内心力量的途径。

走出舒适区

担忧就像恶霸一样，当你长时间给予它关注，它就会获得巨大的能量。恶霸一开始是很强大的，它说的话很有震慑力，此时如果要大踏步地对抗忧虑和恐惧，可能会发生很糟糕的后果，这也不是我们想要的。我们需要找到适合我们的节奏，当我们对抗它时，只会给我们带来轻度或中度的不适和痛苦。如果要给这种不适和痛苦打分，大概是 30 分（满分 100 分）。我们对不同的事物会产生不同程度的不适和痛苦。这个过程完全由你做主，而且，无论你做出怎样的决定都是好的！

从舒适区里走出来的每一步，都是在对抗忧虑和恐惧，让我们不再活在担忧和恐惧的淫威下，重新过上自己选择的生活。唯一需要注意的是，它必须给我们带来一定程度的不适感——如果没有这种不适感，那就说明你依然待在自己的舒适区里，也就不可能克服焦虑。这就是焦虑的悖论：为了缓解焦虑，你需要让自己经历焦虑——但这只是少量的焦虑，而且这种焦虑由你自己做主。只有这样，随着时间的推移，你才能慢慢培养出韧性。

因此要先从一小步开始制订行动计划，即使这一小步在你看来微不足道，只要它能让你走出舒适区就可以了。你要制定的步骤必须能帮你逐渐接近曾经回避的那些情境。

其中重要的一点，就是要认识到我们不能等完全没有恐惧之后再去接近那些困难的情境，如果这样的话，你只会永远待在舒适区里。所以我们要反思自己的行动是否受到恐惧的支配，然后回到价值观引导的道路上去，认识到自己正处在"预期区"。那个小土堆一开始也许像珠穆朗玛峰一样高耸，但你爬的次数越多，越能从证据中发现你的担忧是错的。你一定能成功的！你的应对能力远比你担心的要好。

焦虑是对忧思的生理反应，它的存在并不意味着你的身边真的有一只老虎，理解这一点就能够改变你和焦虑感之间的关系。即使这种感觉不舒服，你也知道它们并不预示什么灾难性的后果。通过这样的理解，你就能从战斗或逃跑反应中解脱出来，焦虑感也随之消除了。

只有用接近代替回避，你才能学会新的东西，克服担忧，从焦虑转向有韧性的、符合价值观的行动。要想成功克服焦虑，我们必须允许少量的焦虑存在，同时去接近曾经回避的那些情境。因此，不要在接近之前推开焦虑，而是要习惯各种情境，让焦虑自行消退。

这就是勇气。它要求我们去靠近不确定性，接受它带来的不适感，而不是试图摆脱这种不适感，回归到确定性中。这是一种态度：坏事也许会发生，也许不会，但我可以带着焦虑感一路前进。

接受行为实验

想象一下，如果你是一名科学家，正在进行行为实验，检测自己的忧思究竟是事实还是假象。不要忘记，担忧为了骗取你的信任，会夸大坏事发生的可能性，夸大后果的灾难程度，并低估你的应对能力。只有通过这个实验你才能明白担忧是对的还是错的。我们可以确定地说，坏事发生的概率远远没有我们所担心的那么高，事件的糟糕程度也远远没有我们想象的那么可怕。同样，我们的应对能力也远比我们担忧的要好。作为一名科学家，你一定可以检验这条理论，证明担忧是错的。

心力训练行动

直面曾经试图回避的情境

试试你能否给自己创建一个行为实验列表，想想自己都在回避什么，以及如果不是因为恐惧，你都想有哪些体验。现在把这个列表写下来，根据感知到的不适和痛苦给它们评分。记住，你现在要从"预期区"跳出来，进入"真实区"，一点一点推平那个"回避"的土堆。在这个过程中，你可以培养勇气，扩展你的舒适区，构建一个更大的新舒适区。

前文已经讲过，每个人都有自己的节奏，每一种节奏都没问题，并没有对错之分。你可能想缓慢地、循序渐进地做事，也可能想飞快地前进，两者都没问题。一般情境下，最好在每一个阶段都停留一段时间，让自己反复暴露在恐惧的情境下，直到这些令人恐惧的情境在你的眼里变得稀松平常。当你的不适评分差不多达到 20 分时，基本就可以进入下一项行为实验了。一定要等你准备好了之后再进入下一阶段——你的直觉就是最好的参考依据。

直面曾经试图回避的情境包括以下步骤：

1. 开阔思路，写下曾经回避过的那些情境；

2. 开阔思路，写下自己的安全行为；

3. 根据不适或痛苦的程度对回避过的情境进行评分，0 分表示几乎没有不适感，100 分则表示不适感无法忍受，或者痛苦至极；

4. 开始进行行为实验，接近回避过的那些情境，放弃安全行为，开始做一些引发轻微不适感或痛苦的事情；

5. 回顾这些实验结果是否支持以下结论：

可能性 a：你的担忧都是真实的（坏事将会发生，结果就是一场灾难，你没法应对）；

可能性 b：你的焦虑只不过反映出一个让人担忧的问题，你可以不用担忧，而是沿着价值观引导的道路前进。

把你的行为实验记录下来，这可以为你提供一项重要的工具，帮你整理出大量的证据来证明那些担忧都是错的，即使事情没有完全按照原计划进行，结果也未必很坏，在这个过程中你就可以培养韧性。

下面这个担忧列表可以帮你记录上述行为实验：

情境	担忧想让我相信什么	我该怎么做才能不担忧	结果是什么	我可以从中学到什么

这样，在不知不觉中，你就会发现自己跟理想中的生活离得越来越近，你已经不再受担忧、反思、自我怀疑的摆布了。持续做记录有利于把实际结果跟担忧的结果做对比。无论结果如何，这些行为实验最后都能够帮助你学习。

案例分析

下面让我们来看看"回避"在艾拉、艾莉、麦克、亚当和卢克的生活中扮演怎样的角色，以及通过行为实验去接近曾经回避的情境会产生怎样的效果。

回想一下卢克对狗的恐惧。回避已经在卢克的生活中根深蒂固，凡是会有狗存在的情境，他都一概回避，比如公园、海滩等。如果朋友有狗，他就尽量避免去朋友家，而是邀请朋友到自己家来玩；如果看到前面有人遛狗，他就会跑到马路对面去。长此以往，他对狗的恐惧逐渐增加，以至于连故事中提到狗的书都不敢读。他的恐惧和回避已经变得非常极端，甚至听到别人提到狗这个字，他都感到焦虑，最后连是否走出家门他都要思考再三。卢克和父母第一次来焦虑治疗诊所的时候，他的生活已经被对狗的恐惧占领。他在学校和朋友们相处得非常愉快，他也希望能够去参加朋友的聚会，或者去朋友家过夜。他很喜欢运动，但因为怕狗，他根本无法去户外活动，很难享受跟家人在户外踢球的乐趣。

后来卢克和父母一起学习心力训练法中的策略，在短短几周内就克服了对狗的恐惧。当他和父母都能够把担忧概念化为一个欺负小孩的恶霸时，他们就可以团结一致对抗恐惧了。让我们来看看卢克是怎么运用心力训练法的。

首先，卢克能够注意到那些担忧故事，并把它们放回书架上，然后开始逐渐接近那些曾经回避过的场景。担忧这个时候仍然会支配他，告诉他不要靠近那些情境，尽管那个声音三番五次提醒他要回避，但他认识到自己其实可以接受，并不一定非要听从这个声音的指挥。

他是有选择的：他可以沿着恐惧引导的道路向前走，也可以沿着价值观引导的道路向前走，然后慢慢靠近那些回避过的场景。

卢克的回避情境列表如下：

我的行为实验列表	不适程度
写"狗"这个字	10
阅读并大声读出"狗"这个字	10
读有关狗的童书	15
看关于狗的动画片	15
读关于狗的科普书	25
观看跟狗有关的网络视频	25
去宠物店，观看小狗	40
去宠物店，摸摸小型狗	50
去宠物店，摸摸大型狗	70
去宠物店，抱抱一只小狗	70
去宠物店，抱抱一只大狗	80
在街上逛，手里没拿水瓶	50
在街上逛，旁边有条小狗经过，带拴绳	40

我的行为实验列表	不适程度
在街上逛，旁边有条大狗经过，带拴绳	50
去公园，公园里有狗，带拴绳	50
去公园，公园里有狗，带拴绳，拍拍小狗	60
拜访朋友，朋友家有只小狗	55
去朋友家，拍拍小狗	60
拜访朋友，朋友家有只大狗	55
去朋友家，拍拍大狗	70
去公园，公园里有没拴绳的狗	90
去公园，公园里有没拴绳的狗，拍拍那条狗	95

起初担忧的声音很响："别这么做，会倒霉的，那里有狗。说不定还是条非常凶猛的狗，它很有可能会伤害你，甚至有可能会咬死你。"

当大脑被杏仁体劫持时，我们就无法进行理性思考了。对于患有焦虑症的人来说，这的确是非常可怕的。但卢克很坚定地执行他的策略，他练习跟担忧打招呼，随后很容易就能辨认出担忧的声音和把戏，能够识别出恐惧想让他踏上的道路。

他练习"停止策略"（参见第138页）：慢慢地呼长气，制订计划，走上符合价值观的道路——在这条路上，他可以从事体育活动，跟朋友聚会或者在朋友家过夜，不管那里有没有狗。行为实验做得越多，他积累的证据也就越多，这让他更加明白担忧是错的，他是有能力去应对的。

艾莉回避最多的情境是课堂发言。她给自己制定了一个行为实验，要在每一堂课上都有目的地回答一个问题。这个行为实验起到了两重作用，一个是接近自己曾经回避的课堂发言，另一个是接受不完美，这也是她曾经回避的情境之一。她开始有目的地练习不完美，比如，对陌生人说几句傻话，或者冒着被人当成傻子的风险去问路。她曾经对自信有逃避心理，于是她开始一系列的行为实验，练习为自己发声，比如，在自动扶梯上请别人让道，有不懂的问题就直接问老师。一开始这些行为都很困难，但练得次数多了，就越来越容易。

艾莉也很逃避跟人约会，因为她怕自己会尴尬、会被人拒绝，或者受到什么负面的评价。通过治疗，艾莉开始寻找各种机会认识新朋友。她把这些当作行为实验，有目的地去接受不完美，并且逐渐认识到事情即使不完美，也不一定就是一场灾难。事实上，在把走出舒适区当成是行为实验并借此对抗担忧之后，艾莉最终收获了一份令人艳羡的感情。

无独有偶，麦克最后也意识到，他斗争的对象其实是因为不确定未来而产生的恐惧。他的安全行为使他困在这场战斗中，不停地想要确保未来一切都好。因此他的行为实验就是故意接近不确定性，并适应这种体验所带来的不适感。麦克最主要的回避情境，是他无法把工作委派给他人，无法放弃秩序和控制。麦克对自己能妥善处理事情的能力感到相当自豪，而当他委派他人来做事，而对方没能按照他所期望的标准完成时，他就会怒火中烧。因此，他的行为实验中就包括逐步地放权，把任务指派给他人，慢慢地接受结果不确定而带来的不适感。

功课是亚当产生回避心理的根源。他制订了一个行为实验行动计划，每次进行一小步，但要朝着正确的方向，一点一点地做完每天的功课。亚当的家人也和他一起努力，帮他把注意力从结果重新转移到过程上来，并为他在功课上付出的所有努力感到自豪。虽然每一步都很小，但这一小步是在朝着正确的方向迈进。在完成这些行为实验之后，亚当为自己的付出设置了一些奖励。他给自己的回报都建立在跟价值观一致的活动上，比如，和家人朋友做一些有趣的事情。亚当的父母对治疗的回应也非常棒，他们对孩子口头上的表扬不来自结果，而是聚焦在孩子在过程中付出的努力。

亚当的另一个回避情境跟社交有关，他总是逃避社交，把自己禁锢在电子游戏和网络成瘾中。亚当制订了一项行为实验计划来帮助自己逐步走出舒适区，参加一些当地的社团或体育活动。这些活动参加得越多，他越是清楚结果其实没那么糟糕，他的韧性得到了提升，社交技能也有长进。一段时间之后，他发现跟人互动变得容易多了。

艾拉的主要回避来源是不完美。于是她制订了一个计划，争取在不完美的状态下参加一些活动，并学着接受这种体验带来的不适感。这个计划主要在于放弃洁癖、反复检查、取悦别人等安全行为。例如，其中一项行为实验是故意不准时准点到达约会地点，故意不让自己的外表一丝不苟、无可挑剔，或者故意让家里不那么纤尘不染、完美无缺。

艾拉最终意识到，当她经历轻微的焦虑时，其实正在走出自己的舒适区，逐渐接受不完美带给她的不适感，而不是挣扎着想要摆脱焦虑，维持不切实际的完美标准。她越是走出舒适区，刻意地接近不完美，这一切就变得越容易，她也就越能获得解脱。她创造了一系列行为实验让自己以不完美的姿态走进曾经回避的场景。

艾拉明白了这些行为实验所触发的轻微不适或痛苦足以帮她看清自己的应对能力，也让她知道灾难并不会发生。有时候事情并没有完全按照计划进行，但正是这些时刻为她提供了宝贵的学习机会，向她展示了即使事情不完美，她也可以应对，结果也并不一定让人惨不忍睹。

曾经有一次，艾拉想通过行为实验看看自己能否不立刻处理邮件。她已经进行了一系列行为实验，尽了自己最大的努力，想以最快的速度克服焦虑。那天她碰巧身体不太舒服，于是注意到焦虑有点失控。她发现自己因为焦虑而变得焦虑，开始陷入感觉不够好的消极故事中。就是从那一天开始，我和艾拉重新审视了她当时的境况，并分析事情为什么开始变得棘手。从这次特殊的经历，我们都学到了很多东西。

这里最基础的问题在于，尽管艾拉的行为实验旨在接近不完美，而非回避不完美，但另一种形式的完美主义在这里出现了问题，那就是艾拉在用她的完美主义标准来进行自己的治疗！因此，她对行为实验的期望就变成了尽快地完成它们，完美地完成它们！这就意味着她一开始的脚步迈得太大了，太赶了，甚至引起了恐慌发作。

首先，我们必须认识到挫折是这段旅途中一个正常的、可以理解的组成部分。归根结底，你是在改变一个长期存在的心理习惯，而这种习惯通常是非常难打破的——不过它并非完全坚不可摧。心力训练法围绕的是神经可塑性，在任何时刻通过刻意的反应来改变大脑路径。这一点并不容易，我们不仅需要勇气和毅力，还需要自我同情。

艾拉的问题在于她又回到了拳击场上，在焦虑出现时开始跟它死磕，而没有做到去注意、观察并允许它存在。当焦虑出现的时候，不要去憎恨它，而要去观察它，允许它的存在，认识到它的存在是可以理解的。你要进行的行为实验不是为了摆脱焦虑，而是为了带着焦虑一起前行。一旦你发现自己的行为实验是为了摆脱焦虑，就会因为焦虑而焦虑。这是一种悖论。接受焦虑，你才能从焦虑中解脱出来，正如接受担忧，你才能超越它，脱离它的控制一样。

虽然行为实验中的方法没有对错之分，但是请记住那个关于"海水"的比喻。分步法通常都是最好的方法，先把脚趾放入水中，等你准备好了之后再迈出下一步。我一般每次只向水中挪动一寸——那也没有关系！这种方法的妙处在于，我们会逐渐习惯水温，一开始感到冷，不舒服，后面就会暖和起来。所以，如果你在进行行为实验的时候遇到挫折，记住以下内容：

    1. 如果没有感到焦虑，那就证明你仍然处在舒适区。

    2. 如果感到了焦虑，那就意味着你在扩张自己的舒适区，你走的路是正确的。

    3. 你需要逐步地接近曾经回避的情境。你是你自己的老板，最清楚适合自己的节奏，无论哪一种节奏都没问题。

4.在这段旅程中你一定要善待自己。挑战忧虑、接近曾经回避的情境并不容易。专注于过程，记住你走过的每一步都是一次学习的机会，都值得庆祝。

现在我们已经讲完了行为实验的第一部分，逐步接近曾经回避的情境，接下来我们要把注意力转向第二部分：放弃那些当你身处这种情境中，忧虑会逼迫你所采取的行为。这是忧虑对你使出的第二个伎俩。还记得"在流沙中挣扎"吗？那是担忧在告诉你，只有对抗才安全。这就是你的安全行为。

接近曾经回避的情境，你已经向前迈进了一大步。靠近那些情境，放弃自己的安全行为，就是在用内在的力量拥抱生活——这才是真正意义上的自己做主。

Chapter 20

第六个工具：放弃你的安全行为

停止在流沙中挣扎

    你为了接近曾经回避的情境而制订了一套计划并付诸实施，你做得很棒！这一步对于从焦虑、压力、担忧和恐惧迈向赋权和有韧性的行动至关重要。然而这也只是摆脱焦虑之路上的一小步而已。心力训练法的下一个基本工具就是教你放弃自己的精神和身体安全行为，也就是"在流沙中挣扎"的行为，此类行为对你毫无益处。请记住，这些行为可能很微妙和隐秘，所以一定要多加留意。如果你的行为是因为感知到威胁而选择了逃避，并非因为价值观的推动，那么就可以断定这是一种安全行为。

    为什么想要接近曾经逃避过的情境就必须放弃安全行为？因为

担忧会骗你，让你相信一切都是因为采用了安全行为才变得顺利。担忧会让你觉得这次只是运气好，因为你反复检查过了，或者因为有朋友在身边才没出事。担忧有时候也会说，你还是多检查几遍吧，你必须确保万无一失，否则就可能错漏百出。请记住，担忧的条件和目标都是不现实的，都是无法实现的——在没有确定性的情况下去实现确定性，这是天方夜谭。不管你想确定什么，无论是确定的健康、确定的安全、确定的判断，还是确定的成就，担忧都会创造出特定的标准和要求，让你永远都无法实现。所以最终你就会对一切感到不确定，开始陷入焦虑、愤怒和痛苦之中，这样反过来又会让你更加沮丧、失落、抑郁。

案例分析

对于卢克来说，心理安全行为表现在时刻担心自己或家人会被狗袭击，于是为即将发生的坏事制订逃跑计划，跟自己的想法纠缠不休，不停地想要阻止和逃避这些想法。当卢克出现忧虑时，父母会帮助他一起从这些想法中回过神来，帮他识别那些担忧之书是如何从书架上掉下来的，温和地鼓励他去留意担忧的故事，然后帮助他一起合上书，放回书架上。卢克不再去跟忧虑争论，相反，他开始通过练习正念来观察这些想法，允许它们的存在，然后看着它们消失。当忧虑再次出现，卢克就学着跟它们打招呼，这样坚持下去，卢克就不再因为焦虑而焦虑了。

寻求安慰是卢克的身体安全行为。他反复跟爸爸妈妈确认周围没有狗，确认自己不会出什么事。卢克的父母以前会安慰他，暂时缓解他的压力和焦虑，现在他们意识到这些帮助非常短暂，从长远来看，反而会使卢克陷入担忧之中。所以，现在卢克寻求安慰的时候，他的父母会提供不同的回应。他们会暗示卢克可能正在被担忧支配，或者告诉他说外面或许会有狗，但也可能没有，通过这样的方式委婉地鼓励卢克来接受不确定性。因此卢克寻求安慰这一安全行为发生的频次开始骤减。卢克暴露在不确定中，不会再得到所寻求的安慰。担忧不再占据上风，卢克渐渐地夺回了自己的权利。

卢克的父母和一位临床心理学家一起为他制订了一份行为实验计划，帮助他来接近曾经逃避的那些情境，其中就包括在没有家人和朋友陪伴的情况下，自己一个人拍拍小狗，或者靠近小狗。他自己也在手里没有瓶子或木棍的情况下去接近这样的情境。这些都是逐步进行的，卢克全程都可以决定自己何时做好了准备。一段时间之后，卢克慢慢地有了信心，已经能够放弃自己的安全行为，接近曾经逃避的那些情境。

卢克对自己的行为实验进行了记录，其中包括当时的情境、担忧想让他相信什么、为了对抗担忧他打算怎么做、结果怎么样，以及从中学到了什么。每次他都积累了大量的证据来证明担忧是错的。随着行为实验的深入开展，卢克越来越多地接近曾经逃避的情境，同时放了自己的安全行为。他发现担忧的力量开始减弱，担忧的故事渐渐变成了脑海中非常微弱的低吟。

麦克的担忧近来越来越猖狂。他的头脑很活跃，忧虑发出的声音也很响亮。他在心里不停地检查，确保不会有什么坏事发生。他就这样折磨着自己，确保他和别人过去都没有犯错误。保护欲是一种强大的本能，他不想让家人失望。他的心理安全行为包括担忧、反思、自我怀疑和纠结，总想让自己的想法合理化，并且试图遏制这些想法。

对于麦克来说，最有帮助的方法就是认识并理解焦虑的本质，明白通过反思和担忧来对抗不确定性其实是徒劳无功的。当他意识到这么做不但没有任何帮助，反而阻止了他的进步时，就学会了跟担忧和解。他还学会了放下安全行为的思维模式，将注意力转向解决问题和行动计划上来。麦克一开始通过练习把书放回书架上这个策略来改变自己的思维习惯，远离反思和担忧。

麦克终于学会把自己的思维从结果转向过程，他意识到结果是无法控制的，能控制的是过程。于是他不断地练习把注意力放到自己的价值观上。为了家人，他在心底渴求把事情做对，但这归根结底是由他的价值观决定的，而不是受恐惧的驱使。麦克必须下定决心放弃自己的身体安全行为。他因为健康和财务问题而紧张不安，如果不去反复检查或者寻求保证，就会寝食难安。但是随着时间的推移，他开始慢慢意识到这些习惯让他的处境每况愈下，他开始改变这些习惯，最后他的毅力和意识也获得了回报。把重点从担忧转向解决具体问题和规划行动是一条非常实用的策略。

认识到自己会在恐惧的支配下采取安全行为作为抵抗和防御，并接受自己的这种倾向，也是很有帮助的。麦克最终意识到他的这些行为只会让自己和家人之间产生隔阂，完全不符合他的价值观。通过练习"停止策略"，他可以在眼前的情境和之后的反应间划出一个空间，让自己冷静下来，停止愤怒和挑衅，重新选择符合价值观的行动。麦克意识到喝酒是种完全无益的安全行为，于是他采取了一些切实可行的计划来戒酒，试图平息剧烈情绪的行为，其实都是出于恐惧。作为替代方案，他开始练习放松和锻炼，这些方法都很实用，也是他总体健康计划的一部分。

艾拉有过和麦克类似的经历。她一样不甘心放弃秩序感和掌控感，忍受不确定性带来的不适感。而理解焦虑并将担忧和反思理解为无益的心理过程，则对艾拉非常有帮助。她可以留意到担忧何时困扰着她。她注意到了"完美主义"的故事，并能够将这本书放回书架上。她在从事行为实验的过程中，接受了有目的的不完美，以便了解灾难不会因为放弃做到完美而发生。例如，在回复电子邮件之前等待的时间越来越长，或者将洗涤物堆成一堆，而不是立即清洁。

为了打破完美主义而进行的行为实验，虽然一开始总是让艾拉感到焦虑，但后来渐渐就习惯了。摆脱压力之后的满足感和自由感也让艾拉不再用完美主义的标准来要求自己，这反过来又让她成功地摆脱了战斗或逃跑反应的怪圈，放弃秩序感和掌控感也就变得愈加容易。

艾拉依然记得"粉色大象"的实验，明白遏制内心想法的安全行为是无益的。于是她开始改变自己跟内心声音之间的关系，用心地观察它们，允许它们自由来去。她开始跟担忧打招呼，练习正念，停止跟这些想法对抗。一开始并不容易，但担忧的声音很快就变得安静多了，她也不再把这些声音当成威胁。

艾拉发现最难的行为就是晚上不再执意监督孩子的行踪。凭借毅力和决心，她已经能够接受不确定性带来的不适感，从而做到不那么频繁地查看孩子。她参与了一项"正常人测试"，质问自己在某种特定的情况下一个正常人会怎么做。这让她明确了前面的方向，逐渐放弃安全行为。

对艾拉来说，一旦放下凡事必须完美的执念，就能够获得更多的时间来重新思考符合自身价值观的活动，比如，去健身房健身、跟朋友聚会等。这些活动可以减轻她的压力，从而形成一个正向的反馈循环，慢慢走下去，就让她的自我感觉越来越好。她和丈夫之间的关系也随之改善。当初她一味听从担忧的命令，做事必须完美无瑕才可以，现在她终于意识到这是错的。

艾莉最终也学会了对抗担忧，跟头脑中上演的故事诀别。其中最有帮助的一点，就是认识到担忧毫无益处，只能让人徒增烦恼。她学会了把"负面评价"的故事放回书架上。对她来说，那本书中最难的一章其实是她对自己的负面评价。她需要好好钻研各种策略，学会把自己当成最好的朋友。第八个心力训练法工具——"勇敢地面对批评的声音，战胜冒名顶替综合征"，可以非常有效地纠正消极的自我评价。

艾莉必须强迫自己停止刷朋友圈，停止查看朋友们的动态。她需要练习的就是接受不确定性带来的不适感，虽然事实证明这一点很难，但是一段时间之后，随着新习惯的养成和新知识的积累，这一切都变得更加容易。她采取循序渐进的练习方式，利用这段时间加入某些志同道合的社团，参与符合价值观的社团活动。跟艾拉一样，艾莉也不得不放弃对完美主义的追求，并认清放弃完美主义并不是一场灾难。艾莉知道即便是从一点一滴的小事开始也没有关系，她可以逐步地接受那些不适感。只有在切身体会到不适感的时候迎难而上，才能真正扩大自己的舒适区，培养韧性。

亚当的心理安全行为包括担忧和自我怀疑。他的担忧故事其实就是"我注定会失败"的故事。

亚当能够识别出担忧的声音并与之抗衡。他学会了把注意力从学习的结果转移到学习的过程上，这样让他更加有掌控感。随着压力的减轻，他开始不那么拖延了，坚持一段时间之后，他的表现逐渐变好了，因为他不再拖延之后，累积的工作量也就少了，压力自然也就小了。与此同时，亚当的父母在打游戏和上网的事情上给他规定了合理的界限。他们还帮亚当联系了当地的一些社团，让他参与到符合价值观的社会活动中去。这样反过来又减少了他对网络社群的依赖，而他对网络社群的依赖本身也是受恐惧支配的。

心力训练行动

放弃安全行为的实验

总有一些心理安全行为和身体安全行为阻止你按照自己喜欢的方式去生活，让你不得不听命于忧虑。试着把它们写下来，从现在开始，利用心力训练法工具箱里的工具来练习放弃安全行为。看看你每天可以做多少次行为实验。也许某一天里你没有进行任何行为实验，又或者某一天里进行过大量的行为实验。看看自己能创造出多少机会来对抗担忧和恐惧。随着时间的推移，你做得越多，它就越容易，你培养出的韧性也就越强大。

　　你要擅长捕捉每一次微小的胜利，庆祝自己付出的每一分努力。请记住，克服焦虑是很困难的，所以每一步都值得庆祝。你值得为你付出的巨大的努力而骄傲！通过练习心力训练法工具箱里的工具，假以时日，你一定可以培养内在的力量，打破恐惧！

Chapter 21

第七个工具：运用情绪助推器

小总比没有好

心力训练法工具箱中用来克服焦虑、培养韧性的最大利器，就是运用情绪助推器。担忧有时候会和抑郁结伴出现。抑郁的感觉就像是有一头凶猛的野兽耸立在我们的头上。担忧和抑郁喜欢互相激励，就像一个协同合作的团队，彼此加强了力量。

当抑郁症和临床水平的焦虑同时出现的时候，就被称为合并症（comorbidity）。抑郁和焦虑之间的关系会呈现出多种方式，下面是其中的几种：

·对焦虑或抑郁有遗传倾向，或者有易感性；

·对焦虑或抑郁有生理脆弱性，生活中的某些挫折可能会触发或加剧这种脆弱性；

·焦虑或压力导致抑郁；

·抑郁导致焦虑或压力；

·创伤性的人生经历是焦虑或抑郁的催化剂。

如果你感觉自己可能得了抑郁症，请务必寻求医生和心理健康专家的帮助和指导，这样才能获得清晰准确的诊断和治疗。抑郁症的进程可能是滑坡式的，你的家庭医生通常可以提供很好的策略，帮你找到优秀的临床心理学家、精神科医生或者其他心理健康专家，帮助你治疗抑郁问题。除此之外我们还可以借用很多经过科学验证的策略。你的医生可能会考虑在临床心理干预的同时给你用药。

每个人经历的焦虑的严重程度都不同，其中一些可能会被归类为焦虑症。同样，一个人经历的情绪低落也可以分为不同的严重程度，其中一种可以归类为抑郁症。但是跟单纯的情绪低落相比，抑郁症具有不同的体征和症状。其中有些体征并不常见，要好好熟悉这些特征，否则很容易把它们忽略。越早发现越好，一旦发现抑郁症，你就可以尽早使用技能来对抗它。早点采取积极主动的态度确实非常重要，甚至可以挽救一个人的生命。

抑郁症的体征和症状

抑郁跟担忧一样，需要你去认清它的伎俩，明白它看起来像什么，听起来像什么，感觉起来像什么，只有这样你才能攒足力量去对付它。我们一定要记住，悲伤或者沮丧是一种正常的人类情绪，是可以理解的。我们都经历过这种情绪，而有些时候我们只想痛痛快快地大哭一场。那么，当这种悲伤或沮丧出现怎样的体征时，才需要我们提高警惕呢？到底怎样的悲伤或沮丧才能称为抑郁呢？

抑郁症的诊断至少需要满足以下类别中的三种体征和症状。请记住，我们有时会经历其中一些特征，但这并不意味着我们患上了抑郁症。同样，抑郁症在不同的人身上会有不同的体现，并不是每一个患上抑郁症的人都会出现所有特征。密切留意自己和亲友身上的变化是否属于以下类别：

感受

抑郁症最常见的特征之一是在两周内的大部分时间里都会感到悲伤、沮丧或痛苦。然而，跟焦虑一样，抑郁症有很多副面孔和相关的感受。下面我举几个例子来说明这些感受：

- 不知所措；
- 烦躁；
- 内疚；
- 挫败感；
- 信心受挫；
- 幸福感和积极性降低；
- 优柔寡断的感觉；

·失望；

·感到痛苦和悲伤。

行为

抑郁症有许多行为上的表现。患上抑郁症后，人们通常会想退缩，觉得任何事情都不值得做。表现在行为上，可能就会：

·不再像以前那样外出，甚至完全不出门；

·疏远家人和朋友；

·用毒品和酒精麻痹痛苦的感觉；

·工作或学习上无法完成任务；

·不再参与曾经喜欢的活动。

对那些通常会让你快乐和满足的事情失去兴趣，这是抑郁症的一个常见迹象，被称为"快感缺乏症"。

案例分析

麦克曾经很喜欢和孩子们一起玩。他对孩子们的生活充满了兴趣。下班回家后他会满心欢喜地给他们读睡前故事。但是随着焦虑的影响越来越大，他开始一门心思地关注自己的财务和健康状况，抑郁症也随之悄悄降临。麦克在不知不觉中听从抑郁症的命令，不再在孩子和妻子的身上花心思，因为他觉得自己只会成为他们的负担。抑郁症让他把自己关在书房里不出门，或者下班后继续留在公司不回家——他总是想，家人怎么可能希望他回家呢？

麦克最初也想把这种感觉压下去，他希望成为一个强壮而坚忍的人，但他不明白自己为什么会有这样的感觉。他知道自己所拥有的很多东西都值得感恩，他也想对自己说，他没有沮丧的权利。他为自己的自私感到羞愧和内疚，于是他开始觉得，如果没有他，家人也许会过得更好，他只是别人的负担而已。这种阴暗的感觉和想法似乎越来越严重，再加上焦虑，他开始逐步滑入可怕的深渊。

麦克也明白自己必须挺下去——他有整个家庭要照顾，还有一大堆家务要做，他有义务承担起男子汉的责任。他开始通过喝酒来麻痹痛苦的感觉，有时候甚至只想一走了之。笼罩在麦克头顶的这片乌云就是抑郁症。它像一团巨大的浓雾一样遮蔽了麦克的整个世界。他开始自闭，看不到前面有任何出路。最后他终于向我们求助，而后短短几周内他的境况就有了突破性的变化。如果你或者你身边的人也遇到同样的情况，请一定要相信这些问题是可以解决的，千万不要一个人默默承受。

你应该照顾好自己，向外求助，隧道的尽头一定会有光，你并不需要一个人独行。

想法

担忧告诉你有些事情不要做，做了就会发生灾难；而抑郁告诉你，你就是灾难。

有些想法可能是关于个人的，永久的，普遍的。例如：

·我真失败（个人的，永久的）；

·这是我的错（个人的）；

·好事从来轮不到我（普遍的，个人的）；

·我真的一文不值（个人的，永久的）；

·生活不值得过（永久的）；

·没有我，别人会过得更好（个人的，永久的，普遍的）。

身体体验

抑郁症和焦虑一样会导致脑雾的出现，脑雾会让你无法集中注意力，或者记忆力不太好。有时你可能会觉得自己背着重物在沼泽里跋涉；有时感觉要想前进，你必须翻过一堵高大的砖墙；有时候又会觉得是身体上出了毛病。当然，如果身体出了毛病，肯定要去看医生，确保没有其他健康问题。但如果您经历的症状符合以下任何一种情况，就表明你可能患上了抑郁症：

· 普遍的疲劳感；

· 感到恶心、疲惫；

· 头痛，肌肉疼痛；

· 胃部不适；

· 难以入睡，或睡眠发生变化；

· 食欲不振或食欲大增；

· 体重明显减轻或明显增加；

· 难以集中注意力，记忆力减退。

困倦的螺旋

抑郁症通常都会以螺旋下降的方式悄然出现，这种方式有时被称作"抑郁的螺旋"或者"困倦的螺旋"。

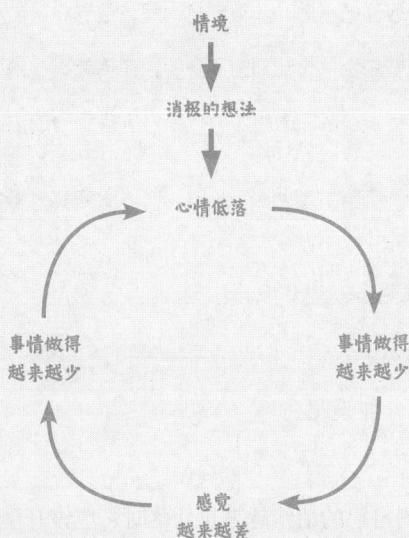

情境

↓

消极的想法

↓

心情低落

事情做得
越来越少

事情做得
越来越少

感觉
越来越差

　　某些特定的情况可能会引发一系列无益的消极想法或忧虑。这些消极的想法又会触发某些情绪，例如情绪低落、悲伤或痛苦等，从而让人想要逃避，或者不想做事。不想做事反过来会让人感觉更差，所以做得越来越少；到了最后，心情低落就演变成了抑郁症。

　　因此，要想反转困倦的螺旋，第一步就是要留意并回答以下问题：

　　·情绪低落是否已经开始渗透到你的生活中？

　　·你每天的活动是否比以前少了一些？

　　·你是否感觉自己就是不想做任何事情，每天都像在淤泥里行走一样？

· 你是否容易情绪激动，很容易动怒，或者充满攻击性？

· 是否有些东西本该让你感到开心，但你就是高兴不起来？

· 你是否有很多阴暗的想法，或者对未来感到绝望？

如果这种阴暗的想法愈演愈烈，请务必拨打急救电话或寻求
医疗救助。

将多做事作为一种策略

当你注意到自己的情绪越来越低落时，应该开展哪些有用的行动呢？心力训练法的核心就是承认所有的情绪都是可以存在的，问题不在于摒弃这些情绪，而在于建立自我意识，在遇到难搞的情绪时可以开展有效的行动来应对，而不是做些吃力不讨好的无用功。

情绪低落时，抑郁症通常都会对你说："别挣扎了，反正你怎么做都会失败的。"这就是困倦螺旋在行动上的表现。我们要朝相反的方向去思考：小总比没有好。对抗抑郁症的脚步哪怕再小，也总比没有行动、束手就擒要好——所有的行动都是重要的、有价值的，多少都会起作用。而每一次微小的行动都能够刺激我们血液中的多巴胺和血清素，让困倦的螺旋开始逆转。跟克服担忧一样，对付抑郁最好的办法是在感到不适的时候继续迎难而上，每天都运用小而强大的情绪助推器。小而有规律就是成功的关键。

当你被抑郁和担忧困扰时，有时候就必须得"坚持伪装，直

到你真正做到"(fake it till you make it)。你也许感受不到任何乐趣，也许提不起精神做任何事情，但当你坚持不懈地迈出一小步时，你就可以开始做更多的事情，感受也变得越来越好，接下来就可以越做越多。但是，当担忧和抑郁悄悄地说"你不行"，让你时时刻刻想着那些可能出错的事情时，这一步也许并不好走。那些沉重的负担可能压得你直不起身来。所以成功的关键就是要多做事，把多做事看成一种策略。

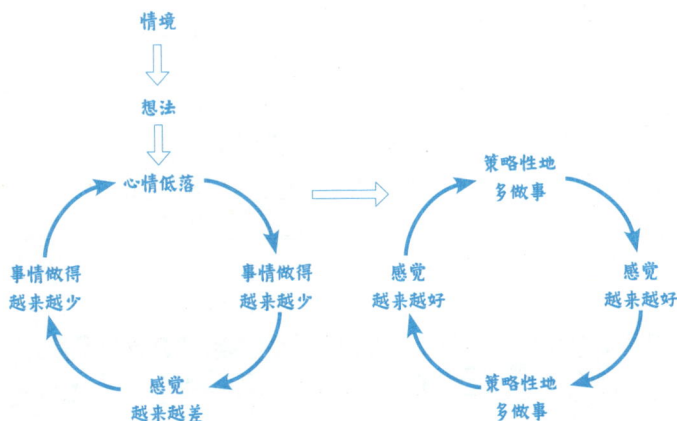

你需要聚焦的是那些经过科学证实，可以刺激血液中积极神经化学物质的东西，比如，血清素、多巴胺、催产素等。这些神经化学物质具有让人感觉舒适的镇静作用，可以抵消肾上腺素和皮质醇的作用，因此可以抵消你在焦虑或抑郁时可能会做出的行为，而这些行为通常会消耗掉你的血清素储备。因此，你可以多多参加锻炼，多多跟朋友和家人联系，或者专注于让你心怀感激的东西，哪怕再微不足道，也都值得一试。

请记住，你要追求的是小而有规律，你可以每天从下面给出的领域中挑一件小事来做，并且要把这件小事做得"不完美"。我们会在下一章详细讲述这种有目的的不完美。

心力训练行动

坚持记录

下面的每一项行动都有科学支撑。从这些行动中挑出一件来记录，从而降低担忧的影响，抑制焦虑，逆转抑郁螺旋。把事情写下来可以增强做某件事的决心，可以让你更好地坚守日常作息规律。这样当你回顾最初的起点时，一定会为自己一路上的努力感到自豪。

心力训练行动

认可每一个小成就

当你被担忧和抑郁所困时，你会觉得眼睛好像装了一副消极的过滤器。担忧让你总是去想感知到的威胁，而抑郁总让你去想那些"不够好"的人和事。要想刺激积极的神经化学物质并重新平衡焦点，我们需要在每一天的日常生活中有目的地找出并认可一个微小的成就、一项挑战，或者你做好的一件事。

当你开始留意的时候，你就会意识到自己一直在迎接各种小小的挑战，收获各种小小的成就。但是消极过滤器会阻止你看到这些东西，抑郁症则可能放大各种挑战，或者给你的成就打折扣。问题是如果你不能勇敢地站出来认可这些小成就、小挑战，那么就可能无法享受那些本该存在的积极神经化学物质，这样你就进入了一个自我破坏的反馈循环，让抑郁螺旋飞快地向下旋转。

你可以浑浑噩噩地过完每一天，忽略这些成就，也可以找出它们，并认可它们的价值。一旦你这样做了，就可以刺激血液中的多巴胺和血清素，并抵消战斗或逃跑反应的神经化学物质。

没错，这里的关键就是一件件"小事"。比如，认识到自己虽然不想起床但还是坚持起来了；比如，因为抑郁而没有动力做任何事，但你还是洗了个澡；比如，你知道跑步很难，但还是换上了运动鞋。当然，你也可以去寻找那些生活中比较大的事件，比如，支付账单、给必须回复的人打电话或者回电子邮件等。我们要把这种责任感融入日常生活中。

走出舒适区是很难的，所以我们才要刻意地认可日常的小成就和小挑战，把它们写进日记——每天都记录一件你做过的、很难的小事。记住，要为自己的努力感到自豪。

心力训练行动

练习：迈出第一步

心力训练法工具箱中最强大的工具之一，就是提高你的运动指标。运动可以刺激多巴胺、内啡肽以及积极的情绪状态。不过，对于任何人来说，制订并按部就班地执行一个锻炼计划都是很难的。由于整个社会环境的影响，很多人就算没有抑郁或者焦虑，也很难摆脱久坐不动的习惯，哪怕有强烈的意愿也无济于事。一旦再叠加上担忧、焦虑和抑郁，锻炼就会变成一个永远无法克服的挑战。虽然让锻炼变得难以实践的都是一些生活中的实际问题，比如繁忙的日程安排或者身体不适等，但最大的挑战通常都是来自情绪。

鉴于运动在克服焦虑和抑郁方面发挥的关键作用，你可以采取以下一些既实用又积极的步骤，使运动更加有趣，让运动变成你的本能。

小总比没有好

当你把"小总比没有好"口头禅挂在嘴边时，锻炼就可以变得更容易。你并不需要花几个小时在健身房里体验锻炼对身体和情感有何裨益，只要在你的每周日程中增加一些适量的身体活动，就可以对你的心理和情绪健康产生深远的影响。我喜欢用"运动"这个词，因为每往前走出的一步都是伟大的。专注于运动而不是锻炼，可以帮助我们消除内疚和羞耻，让我们不再惧怕自己不够好，而这些内疚、羞耻和恐惧的出现，可能是因为我们曾经先入为主地认为自己必须完美地完成健身、跑步或举重训练。

有时候把运动鞋从鞋柜中取出来就算完成了"动起来"的第一步。我们的最终目的是要把运动融入生活中，由内而外地动起来。你做的每一件事都是有帮助的，对抗担忧和抑郁的每一步都是伟大的，都值得庆祝。

让锻炼以心为动力，而不是以恐惧为导向

心力训练法的核心原则不是由恐惧驱动的，而是由价值观驱动的。在锻炼这件事上，担忧也可能会让你止步不前——你可能是因为害怕自己不够好才去进行锻炼的。最好的锻炼和运动也应该是由价值观驱动的，换句话说，做运动是因为你喜欢，而不是因为担心自己不够好。

例如，艾莉总是担心别人对自己有负面评价，她是受到恐惧的驱使才开始锻炼的。她的脑海中总有一个声音告诉她："你应该减肥。""你必须跑 10 公里，这样你才能和别人一样棒。""你必须在普拉提课上表现完美，只有这样才能证明你足够好。"……由恐惧驱动的运动会让你陷入困境。首先，对威胁的过度警觉会让你专注于所有"不够好"的事情，这就是忧虑的伎俩之一。当你出于恐惧的原因进行锻炼时，你就有可能彻底逃避锻炼，因为你会担心自己表现得不够好。又或者说，你可能会陷入"要

么全都做，要么全都不做"的思维和行动旋涡，而"全都做"是很难持续的，所以你最终选择了"全都不做"。同样，抑郁症可能会告诉你，你不可能成功的——所以还折腾什么呢？

　　能够让你坚持下去的锻炼计划一定都是有趣的、有回报的。所以你的锻炼计划应该是你发自内心喜欢的。想想你在没有抑郁和忧虑的时候都喜欢做哪些事情，不要仅仅选择你认为应该做的运动，比如，在健身房跑步或举重等，而要选择那些适合自己生活方式、能力和兴趣的活动，而且还要考虑怎样才能把它们融入日常锻炼计划中。这其实是在检验哪些东西在你的心里真正有价值。如果你对去健身房不感兴趣，那么还有很多别的选择。户外跑步或散步可能会带给你完全不同的体验。你也可以一边看电视一边骑固定自行车，或者在散步时和朋友聊天，在景区徒步旅行中拍照，打高尔夫时选择步行而不乘球车，或者在家一边做家务一边随着音乐跳舞。我们要试着把体力活动视为符合价值观的生活方式，而不是待办事项清单上的一项任务。

用心运动

　　散步、跑步、跳舞和游泳等节奏感比较强的活动通常会促使人进入更平静、更积极的情绪状态。如果能够把这些活动与正念结合起来，在活动身体的时候将注意力集中在身体感觉上，那么这些活动会更加有效。

善待自己

在锻炼和运动方面，自我关怀和保持善意也是成功的关键。研究表明，不管是怎样的任务，自我关怀都会提高成功的可能性。所以，不要因为自己的身体状况、目前的健身水平或者所谓的缺乏意志力而自责，自责只会让你失去动力。相反，要把每一步都视为伟大的进步，要在上一步的基础上再接再厉。

关注持续性，不计较结果

不要只看结果，要将重点转移到持续性上。要想把运动变为强大的情绪助推器，持续性就是成功的关键。我们要想办法把锻炼和运动融入日常生活中，这样你的大脑就能够习惯性地预测到锻炼的存在，从而避免胡思乱想。我们要把锻炼当成一项重要的约会，把它列入日程表。

每天专注于一个主动进行的运动。你可以把这项运动作为你的起点。有总比没有好。想想你自己的日常生活，想想怎样才能把这项活动加入日常生活中。你可以把一天的日常划分成几段，把运动穿插在这些空隙中，这样即使是非常小的活动，一天下来也可以起到积少成多的效果。所以，如果你整天坐在沙发上，那就试着站起来快步走到街角，然后再折返。如果做 30 分钟很困难，那就做 5 分钟。

有些运动可以刺激少量的多巴胺分泌，这些运动可以很清楚地告诉你担忧和抑郁并非不可战胜。另外多做家务也很有帮助，比如，清洁、吸尘、扫地、割草、除草等。方便的话尽量走楼梯，不要乘电梯或自动扶梯。停车的时候尽量停得离建筑物入口远一点。乘火车或公交车的时候尽量提前一站下车。额外的步行积少成多，最后都有助于克服焦虑和抑郁。设定的锻炼目标最好要容易一点，要能够轻松实现才行。记住，这里没有对错之分：一切都很好！当你的目标一个接一个地实现时，自信和动力就会随之而来，然后你就可以继续追求更有挑战性的目标。

设置提醒和日常惯例

设置提醒和日常惯例是养成良好的锻炼和运动习惯的秘诀，提醒和惯例可以帮我们绕过抑郁和担忧。例如，坚持某种日常惯例，比如，在一天中的某个特定时间、特定地点，或者接收到某个特定的信号后，让大脑开始联想到运动。如此一来，日常惯例就相当于开启了自动驾驶模式，大脑无须再考虑或做决定。更难得的，一旦你开始行动，它就会变得更容易，这就会让担忧和抑郁逐渐失去力量。

提醒和日常惯例的例子有：

· 早上闹铃一响，就自动提示你该出门散步了；

· 一下班就直接前往健身房；

· 把运动鞋放在床前，这样一下床就能穿上。

要想让锻炼计划变得容易，可以考虑在一天中头脑最清醒、精力最充沛的时刻来锻炼。例如，如果你不是一个习惯早起的人，那就不要把锻炼安排在上班之前。看看你是否可以提前计划，排除可能妨碍锻炼的东西。如果你早上时间比较紧，那就在前一天晚上把运动服拿出来准备好，这样一起床就可以出发了。如果下班之后先回家，会不会就直接跳过晚上的锻炼了？如果会的话，就在车里放一个健身包，这样下班后就可以直接去健身了。

你还可以把自己的锻炼目标跟另一个人分享。知道有个"练搭子"在等你，你就不太可能取消那次锻炼课程了。你也可以请朋友或家人帮你检查进度，通过网络向社交媒体或者当着别人的面公布自己的目标，这些也可以帮助你坚持下去。

给自己奖励

在这个过程中给自己奖励也不失为一个好方法。经常锻炼的人都很喜欢给自己奖励，因为锻炼为他们的生活带来了回报，让他们获得更多的精力、更好的睡眠、更健康的情绪，这些都是良好的长期回报。刚开始锻炼的时候，尤其当你把锻炼作为消除焦虑和抑郁的一个步骤时，每当成功完成锻炼或达到新的健身目标之后，就立即给自己奖励，这样做很有成效。选择一些你向往的东西，比如，洗个热水澡，或者泡一杯最喜欢的茶。与此同时，你也可以在锻炼的同时进行有益的活动，比如，在跑步机上跑步时或者骑自行车时听有声读物，看喜欢的电视节目等。

要有创意

你可以运用创造力让锻炼更加愉快。有些活动性的视频游戏需要你站着玩或者玩的时候要动起来，你可以从这种有趣的方式开始，比如，模拟舞蹈、滑板、足球、保龄球或网球等。建立信心之后你可以试着远离电视屏幕，去外面玩真的游戏。你也可以用智能手机上的应用程序让锻炼变得更有趣。有些应用程序会在互动的故事中让你保持动力。

将运动与社交相结合

锻炼是与朋友联系的好机会。人与人之间的联系是一种主要的情绪助推器，和别人一起锻炼可以帮助你保持动力。网球搭档、跑步俱乐部、水中有氧运动或舞蹈课等都是有益的激励因素。我们还可以利用社区组织的活动，比如，加入社区足球队、篮球队和排球队等。另外，还可以加入许多在线的健身社区，尝试用远程健身应用程序跟朋友一起锻炼，这些应用程序可让你跟踪和比较彼此的进度。你还可以和家人一起锻炼，锻炼方法也多种多样，最重要的是，你可以成为孩子们学习的榜样。当你和家人一起锻炼的时候，你身上那种积极的行为对孩子的未来会产生良好的影响。你可以和家人一起散步，随着音乐一起跳舞，或者一家人一起做家务等。

与他人保持联系

人类是自部落中进化而来的，所以我们都渴望跟人保持联系。在原始时代，成为部落的一员可以让我们更强大，避免受到捕食者的侵害。无论作为猎人还是采集者，我们都可以一起劳作，共同努力创造一个可持续的环境和更加确定的未来。那时候的人们需要相互依存，而人和人之间的联系对生存来说至关重要。

但是因为抑郁和担忧，我们开始向后退缩，并切断了和他人的联系。我们这样做，是因为总是担心会有不好的事情发生，担心人们会拒绝我们、评判我们。而抑郁则让我们觉得自己不配跟人产生连接，因此也就不应该做出任何努力。

我们需要有目地对抗担忧和抑郁的声音，每天迈出一小步，争取和他人保持联系。人和人交谈这种简单的行为能触发荷尔蒙，可以帮助人们缓解焦虑、改善情绪。有扎实的科学证据可以证明，一个人跟家人、朋友或社区组织之间的联系可以放松并舒缓神经系统，改善抑郁症。除此之外，与他人保持联系还为我们提供了对抗担忧的契机，并证明我们所担忧的其实是错误的。

让我们花点时间来思考一下想要与之保持联系的个人或组织。你平时比较重视哪些家庭成员？喜欢和哪些人或同事在一起？在你的圈子里，哪些人善待你、尊重你？问问自己的直觉，直觉告诉你什么？这个答案很重要。你是否能在互联网上找到一些社区团体或应用程序，让你可以更方便地跟志同道合的人沟通联系？你是否可以参加一些慈善团体、运动团体、艺术和手工艺团体、音乐团体、电影团体或其他特殊兴趣团体的线上活动？当地居委会、邻里社区、大学或学校社团是否可以提供一些与他人联系的机会？

分析一下，看看是肯定的回答多，还是否定的回答多。记住，担忧会告诉你可能即将发生不好的事情，而抑郁症则会让你觉得自己从一开始就不值得。为了摆脱两者的支配，我们要让自己逐渐靠近并接受恐惧、激动或情绪低落等感觉，不要再继续逃避。一切情境的真相总有揭晓的时刻。

1. 没有发生任何不好的事情；

2. 结果不是一场灾难；

3. 担忧和抑郁之前欺骗我们，说我们根本应付不来，然而我们应付得很好，并且培养了韧性。

头脑风暴一下，列出你的联系人名单，看看是否可以做到每天与一个人联系。不管这一步多么渺小都要去尝试，因为成功的关键就是在感到不自在的时候继续毅然前行。只有这样你才能证明担忧和抑郁是错的，才能够培养韧性。通过选择直面而非逃避，你就会明白有些事情即使不完美，也不一定就是灾难。你刺激了血清素、催产素和多巴胺等积极神经化学物质的分泌，抑郁和担忧的螺旋也因此得以逆转。

心力训练行动

保持一颗感恩的心

积极心理学通过大量的科学研究证明了感恩具有神奇的力量，可以改善你的身心健康。感恩让你的心理天平重新向积极的一端倾斜。这样其实才算公平——它抵消了大脑中固有的消极偏见，保护我们免受威胁。

无论身处的生活环境如何，你总能找到值得感激的东西。感恩会让感觉良好的神经递质跟血液中飙升的荷尔蒙产生强大的化学反应，从而提升你的情绪。它们可以让你更有活力，更加关注积极的一面。

让我们来学习如何寻找希望吧。我们可以腾出两周的时间，当每天快要结束的时候，尝试去回顾一下一天中让你感激的 1—3 件事，然后把它们写到感恩日记里。你也可以将它们记在一张小纸条上，然后卷起来放到罐子里收藏。两周结束后，看看这样刻意练习感恩是否对你的情绪产生了影响。如果你觉得它们对你有帮助，就继续坚持下去。这项活动还有一个额外的好处，当你在写下这些事情的时候，无疑又强化了当时的积极性。有关感恩的更多信息，请参见第 255 页。

心力训练行动

投入户外活动中

接下来，另一个强大的情绪助推器是投入户外活动中。人类本质上是一种生物，人类的本能就是在田野里漫游，爬树采摘果实。然而，当代社会的生活方式让我们大部分时间都身处室内，久坐不动，我们一般对发达文明的想象就是坐在办公桌前盯着电脑屏幕。也许我们在很多天里看到的最接近绿色的东西，就是电脑屏幕上的绿色图像。这种生活方式助长了我们的焦虑、抑郁和困倦的螺旋。我们越是远离户外，感觉就越糟，之后反而会越退越远。

我们需要刻意地避开这种生活方式，主动拥抱户外活动。跟锻炼和运动一样，我们要制订活动计划，并把它纳入日常生活中。记住这个口头禅：小总比没有好。有哪些小事是我们每天都可以做的？我们可以到后院走走，呼吸新鲜空气，感受阳光或清风吹在脸上；我们可以在街区周围散步，或者去离家不远的公园散步；我们去海滩，去任何你觉得值得去的地方。没错，所有这些都是好的。

尽量不要开车，如果距离不远，你可以考虑步行或骑自行车。如果生活方式允许的话，你可以养一条狗，这对你也会有帮助。跟小狗一起玩耍，带它散步、远足或跑步，这也是把户外活动纳入日程安排的有趣方式之一。加入一个从事户外活动的社区团体对克服焦虑和改善情绪也特别有帮助。请记住，担忧和抑郁会想方设法阻止你这样做——你一定要站起来反抗它们的支配，使用心力训练法工具箱里的工具，一小步一小步地走出舒适区，踏上自己喜欢的道路。

心力训练行动

做些愉快、友善和有趣的事情

有些活动能够带给我们成就感、挑战感和掌控感，我们要学会接受这些活动，不管它们多么微小。确保自己每天都要从事一些微小的活动，只要它们能给你带来乐趣，或者让你和他人都感到愉快和友善，它们对你就是有帮助的。通过参与这些简单愉快的活动，你的情绪能够得到改善，你的精力水平、信心和韧性也能够得到提升。

你可以参考以下活动：

· 制订假期计划；

· 为自己买点东西；

· 去海滩；

· 画画；

· 重新布置或重新装修你的房间或整个房子；

· 阅读故事、小说、诗歌，观赏戏剧；

· 去户外大口呼吸新鲜空气；

- 看电视；

- 解决问题，玩拼图，玩填字游戏；

- 跟朋友叙旧；

- 洗个澡；

- 写故事、小说、剧本或诗歌；

- 拍拍宠物；

- 远足；

- 唱歌；

- 参加聚会或社交活动；

- 玩乐器；

- 梳头；

- 外出吃午饭；

- 烹饪；

- 做手工；

- 泡个澡；

- 带孩子一起玩；

- 化妆；

- 打理花园；

- 穿件新衣服；

- 跳舞；

- 坐着晒太阳；

· 听收音机；

· 赠送他人一件礼物；

· 去公园；

· 帮助他人；

· 写日记；

· 涂指甲油；

· 涂保湿霜；

· 玩棋盘游戏；

· 游泳；

· 出门跑步。

成功的关键在于坚持不懈。每天都要进行一些小活动，参加锻炼，享受户外，跟他人保持联系，认可自己的小成就，这些叠加起来就可以扭转抑郁症的螺旋，刺激积极的神经化学物质。通过这些活动你会感觉到自己更有能力把焦虑、压力、担忧和恐惧转变为韧性、精神力量和幸福感。

心力训练行动

放弃"要么全都做，要么全都不做"的思维

当你感到焦虑或沮丧时，可能会有一种"要么全都做，要么全都不做"的思维倾向，这也被称为"非黑即白"思维。这种思维是

指以极端的方式思考事物。拥有这种思维的人可能会对自己或他人寄予完美主义的期望，如果自己或对方没有达到这些标准，你就会大加指责。除此之外你可能还会思考一些极端的情况，比如：

· 你一定不能通过考试；

· 你永远都找不到伴侣；

· 你在聚会上把自己搞得像个彻头彻尾的白痴；

· 你一点儿价值都没有。

当你被担忧、反思或抑郁困扰的时候，这些想法就会占据上风。"要么全都做，要么全都不做"的思维对你几乎没有任何益处。很少有人是彻头彻尾的好人，或者彻头彻尾的坏人——我们大多数时候都介于两者之间。不要用非黑即白的思维来思考自己和他人，而要去寻找介于两者之间的颜色，这样做才更现实，也更有帮助。

以下步骤可以帮助你解决这个问题：

1. 当你开始有"要么全都做，要么全都不做"的思维时，要自我留意；

2. 将这种想法标记为"要么全都做，要么全都不做"思维，但不要沉迷于这种思维的具体内容；

3. 将注意力从无益的想法上轻轻地移开；

4. 专注于价值观驱动的替代方案。

为你付出的每一分努力喝彩

如果你的身边有一个讨厌的恶霸天天都在说你不配，你不要再挣扎了，反正无论如何你的结局都是无可救药的，那么这时候你就需要把注意力集中在过程上，你要为自己迈出的每一步、付出的每一分努力而庆祝。因为你的每一步都是一项巨大的成就，都值得庆祝。

请记住，担忧会让你专注于结果，让你不停地想获得确定性。如果再跟人类固有的消极偏见相结合，你就会担忧未来会发生不好的事情，开始缩手缩脚，止步不前。当你被抑郁症困扰时，这种固有的消极偏见就会迅速增压——它的表现就像服用了类固醇一样。因此我们要刻意地将注意力重新转移到努力上来，并且要庆祝自己付出的每一分努力，这是心力训练法工具箱中必不可少的一个工具。

该如何进行庆祝"疗法"呢？很简单，就是承认你付出的努力，无论它多微不足道，我们都要为自己的努力鼓掌。这样就可以刺激积极的神经化学物质，瓦解担忧和抑郁对你的影响。

1.当你的注意力集中在结果上时，要引起注意；

2.把注意力转到努力和付出上来；

3.为自己付出的努力感到骄傲——无论这种努力多么渺小。

管理压力和倦怠

现在我们已经了解到压力有积极的一面,它会让你保持警觉和专注,给你动力和精力,让你随时做好规避危险的准备。然而,如果一个人面对持续的挑战而得不到缓解,那么压力反应可能就会变得消极。当压力反应长期处于激活状态时,就会给人带来身体和情绪上的磨损。在这种情况下,你可能会感到疲惫、超负荷、精疲力竭。如果这种境况看不出有任何变好的可能,压力就会变成倦怠,这也是公认的情绪和焦虑症的前兆。抑郁和倦怠的感觉可能很相似,因此也可以用相似的方式进行补救。如果你感觉自己正在经历倦怠,那么本章中介绍的策略可能会对你有所帮助。

也许有时候你会觉得无论自己付出多少努力,境况都没有什么改变,但是请放心,心力训练法中用于抑制焦虑、克服担忧和培养韧性的策略都可以很好地帮你缓解压力，治疗倦怠。比如说，只要你能明确哪些事情在自己的控制范围内，哪些事情不受自己的控制，就能够减轻一些精神负担。首先你只能改变自己能够控制的东西，对于自己能够控制的东西，你可以将注意力从担忧转到解决问题和规划行动上来。要专注于努力而不要专注于结果——记住，要为自己付出的每一分努力感到骄傲！

　　要想减轻长期的压力和倦怠，关键的一点就是要把注意力从感知到的威胁转向自己的价值观。这里的首要原则就是反思做某件事的真实原因：是否因为害怕被负面评判或者害怕犯错误。如果是出于这样的恐惧，那就要运用心力训练法工具箱中的策略来对抗恐惧驱动的行为。你的内心一定充满了智慧，所以请对照自己的价值观来决定哪些东西才是重要的，不要因为受恐惧的胁迫而做这个决定。你要从事的活动务必是对你有意义的，这样才能刺激积极的神经化学物质，成功地克服倦怠。

　　多和家人朋友联系，多参加符合价值观的活动都可以消除压力。在这个过程中，你可以选择跟亲近的人分享你的压力，毕竟独自扛下所有事情其实是一种逃避，它会让你采取各种无益的行为来麻痹那些强烈的情绪。练习自我同情和自我关怀也很有用，如果你觉得这对你很难，那么请这样来思考：你只有"先戴上自己的氧气面罩"，然后才能有更多的精力和能量来帮助他人。学着结交职场以外的朋友，建立新的友谊，抽时间去大自然中放松和充电，努力发掘新的兴趣点。以上这些行动不仅有助于治疗倦怠，还能够为以后的困难做好防御性准备。请时刻记住这条关键信息：小总比没有好。

第 24 章中介绍的心力训练健康金字塔将会提供一系列策略来强化身心之间的联系，帮你进一步提高对抗压力、焦虑、抑郁和倦怠的能力。这些策略包括良好的睡眠习惯、健康的饮食、冥想和放松等。

倦怠也有可能是因为我们不敢为自己发声而引起的。我们在受到恐惧支配的时候容易变得被动，会觉得自己必须完美才行，这样就很容易陷入对所有事情都说"是"的模式中。这在短期内似乎没有问题，但从长远来看，很可能会让你陷入困境，对你的身心健康造成破坏。这一点很可能是倦怠产生的主要原因。

————————

你会在下一章中了解冒名顶替综合征以及对失败的恐惧，这两者通常会影响我们进行自信沟通的能力，让我们无法有效地对抗倦怠、焦虑和情绪低落等问题。我们会介绍各种策略来练习如何放开，如何更加自信地满足自己的需求，如何放弃追求完美以及设定严格的界限等。这样你就可以进一步克服担忧，对抗抑郁，同时缓解焦虑、压力和倦怠。

Chapter 22

第八个工具：勇敢地面对批评的声音，战胜冒名顶替综合征

你能不能故意来一场不完美实验？

害怕负面评价、害怕被拒绝以及害怕失败，这些是我们感受到的最紧迫的恐惧。由于这个社会中的社交媒体无时无刻不在给人带来巨大的影响，我们感觉到不得不展示出一个毫无瑕疵的自己。现在那些"完美"得近乎不真实的代表人物已经不仅仅局限于杂志封面上的超级模特了，就连我们的朋友、家人和邻居都时刻在社交媒体上展示着完美的自我，每个人都在竞相传递一个"必须完美才行"的神话。这样就必然带来一种"攀比和绝望"的感觉。除此之外，社交媒体上还充斥着大量的图片，无一不在展示着别人的社会

生活和人际关系，这就很容易让人焦虑，让人因为害怕自己错过了那些东西而紧张不安。

社交焦虑和表现焦虑因而变得越发猖獗。我们总是害怕自己不够好，于是千方百计地想着消除所有的不确定性，随即采取了各种各样的安全行为，比如，检查、攀比、寻求保证、回避、担忧、反思、猜测、评判自己和他人等。这些都是因为害怕自己不够好，害怕被别人拒绝，或者害怕失败而采取的精神和身体安全行为。

对抗不确定性的终极结果就是完美主义。完美主义建立在一个信念之上，那就是你必须做到完美。然而这里的问题在于，这个世界上根本就不存在完美的东西。你非常努力地去追求完美的结果，然而完美这东西根本不存在，这意味着你是在打一场永远都不可能赢的仗。

其中的挑战就在于一个不现实的目标，一个完美主义的神话。这些不切实际的目标会导致我们永远都无法觉得自己足够好，因此一直不停地努力追求。没错，我们千方百计想要实现的，无非就是确定性。确定我们不会被拒绝，确定我们不会错过，确定我们不会被评判，确定我们不会让自己出丑，确定我们不会失败。

当你认为自己必须完美才行的时候，就会听从担忧的说辞，觉得一旦出错就会是一场灾难，而你是无法应付这种结果的。所以你就听从忧虑，凡事都要努力做到绝对完美。因为你知道，只有做到完美才不会有灾难，你才会"安全"。安全行为由此不断地发展，比如，你会反复检查自己的工作，反复寻求爱人的保证，你因为害怕自己出丑而保持沉默，超负荷地加班以保证自己的工作做到"完美"。

更可怕的是，如果你害怕得到他人的负面评价或者害怕失败，那么对威胁的过度警觉就会启动，这导致你最终只看得到自己身上"不够好"和不完美的一面。你的头脑只关注结果，完全看不到自己的努力，也就无法再自我鼓励。

如果在你眼里"足够好"的基准就是"完美"，而完美又根本不存在，那么你就永远不会觉得自己足够好。而这一切的结果就是你觉得自己是个骗子，是个冒名顶替者——这样你就变成了冒名顶替综合征的受害者。这种心理病已经越来越广泛了。

案例分析

冒名顶替综合征在艾拉和艾莉的生活中都很猖獗。这两位女性在各自的学术、事业以及个人生活方面都取得了成功，然而她俩都觉得自己是个骗子，是个一无是处的赝品。

她们都觉得自己必须反复地检查，寻求保证，拼命工作来保持高度警觉，否则就会被人发现自己其实"不够好"。

艾拉和艾莉头脑中的恶霸比较特殊：它是一种批评的声音。这种批评之声给她们的生活造成了严重的破坏。她们内心的对话永远都围绕着"不够好"这个话题。它的核心其实是对威胁的过度警觉，它在头脑中寻找威胁，然后将注意力集中在那些微不足道的错误或者负面评价上，继而强化了那个"不够好"的故事。

艾拉和艾莉都能够熟练地识别出这个批评的声音如何对她们的心理活动指手画脚。她们能发现"你是个骗子""你注定要失败""你不够好"的故事从书架上掉了下来，并学会如何轻轻地带着同情心把这些书合上，然后把它们放回书架。她们还学会了如何快速识别那些受恐惧驱动的安全行为，比如，自我怀疑、寻求保证等。

心力训练行动

刻意追求不完美

正是因为你坚信自己必须完美才行，才会患上冒名顶替综合征。打破这种无益循环的最佳办法就是参与行为实验，刻意地用一次小小的不完美（比如，日常生活中无关紧要的小事）来让自己习惯。

通过这样的实验你可以让自己了解到不完美的结果也不一定就是一场灾难，而且能够见证自己的应对方式其实比想象中要好得多。不完美实验可能会要求你故意去做一些小而愚蠢的事情，比如，当你站在火车站站台上的时候，故意去问别人火车站的方向。

请记住，这类实验并不是为了少出错，而是为了直面忧虑，证明结果并不像忧虑告诉你的那样是一场灾难。同样，如果你害怕被别人给出负面评价，比如，脸红、结巴或者说蠢话等，你就可以故意在脸颊上涂些腮红，或者故意说话结巴，甚至故意说些蠢话。

这个实验可以让你获得心灵的解放。只有直面担忧，接近那些曾经害怕和回避的情境，你才能明白之前担忧的灾难性后果不过都是些垃圾而已。结果完全没有那么糟糕。另一个强大的因素是你在这个过程中培养出了韧性——你学会了怎么去应对。事实上你的应对能力比之前担忧的要好得多，这样你就正面扛住了冒名顶替综合征。

　　那么阻碍你的具体都是哪些恐惧呢？这个问题可以用来分析行为实验的具体性质。请记住，如果你感到不舒服，就说明你已经离开了自己的舒适区，也就意味着你已经真正走上了正轨。要想克服焦虑，你就不能绕过它——你必须经历它，接受它带来的不适感，最后你会明白自己完全做得到。

心力训练行动

练习自信式沟通

　　对抗冒名顶替综合征的另一个方法就是练习自信式沟通。自信是你的基本人权，它要求你在考虑到他人需求的同时要为自己的需求挺身而出。自信可以将你领到一条符合自身价值观的路上，它是你给予自己的最好的力量。

　　但是自信式沟通对于人类来讲并不是那么自然、那么容易的事，尤其当你经历过负面评价的恐惧或者失败的恐惧。恐惧驱动的沟通方式通常有被动性（逃跑）和主动性（战斗）两种。自信跟原始的生存本能格格不入，所以人类大都会觉得自信很有挑战性。

　　被动性属于安全行为，通常是由害怕别人觉得自己做得不对、害怕犯错或者害怕得到负面评价等造成的。它可能因为一个人的自我价值感过低而产生，听从批评的声音而坚信自己的需求不值得考虑。被动性意味着总是先满足其他人的需求而不考虑自己的需求；咄咄逼人则是指一个人强行满足自己的需求而不考虑他人。与之相反，自信追求的是双赢，是在争取满足自身需求的同时也考虑到别人的需要。

好消息是，自信式沟通是可以习得的。练习得越多，就越能够建立新的神经通路。假以时日，自信就会变得越来越容易。请记住，如果你觉得不舒服，那意味着你正在走出自己的舒适区，这是一件好事！

你有没有经历过内心很向往但最后还是选择逃避的情况？是否曾经因为没有胆量而放弃了自己的需求？是否曾经因为害怕得到负面评价而自我怀疑？所有类似的情况都需要我们慢慢地、一步一步地走出自己的舒适区，一点一点地找回自信。在这里，战胜预期是最难的一个步骤。当你能够战胜预期，感受到恐惧而依然选择前行时，你就会从结果中认识到之前担忧的都是错的。

先从那些会给你带来 30 分左右不适感的情况开始练习。重申一遍，再小也比没有好！只要你开了个头，接下来就会有源源不断的机会可以练习。例如，你可以把不小心带出来的东西归还给商店，也可以在自动扶梯要求别人让道，甚至练习去问路。

要想掌握自信式沟通，你可以从下面的步骤开始：

1. 要意识到你的沟通方式什么时候受到战斗（主动性）或逃跑（被动性）的驱动；

2. 要意识到自信是一种高情商的选择（关于情商的内容请参见第 49 页）；

3. 利用心力训练法工具箱让自己跳出战斗或逃跑反应；

4. 利用自信式沟通策略向前迈进。

练习和接受自信式沟通有一个很实用的策略，那就是套用一个公式："当你说或做……的时候，我感觉……如果你将来能够说或做……我会非常感激的。"

如果你以前经常讨好别人，这可以成为一种符合价值观的替代方法。这种自信式沟通策略可以让你的沟通对象在过程中生出更多的同理心，它可以帮助对方从你的角度来看问题。用这种方式说出你的需求也会让对方放下防卫心理。

案例分析

艾拉不论在家还是在公司都会练习使用自信式沟通技巧。例如，她并没有听从担忧的声音而把家务全都揽下来，而是运用自信式沟通策略跟丈夫和孩子们说："当你们帮助我做家务的时候，我真的很感动。如果我们将来能继续一起做家务，我会非常感激的。"

不要关注结果，要关注过程

打破冒名顶替综合征的最后一个小窍门，是当担忧让你把注意力集中到结果上时，你要及时留意，并把注意力转到过程上。例如，你可能在工作中需要准备一次演讲，担忧可能会让你把注意力放在结果上。记住，这只是担忧的伎俩，它就是想让你跟不确定性做斗争，让你在没有确定性的情况下去寻找确定性。在这种情况下，担忧和批评的声音往往会串通起来，担忧会让你去寻找确定性（我是否能记住所有要说的话？我是否能表达清楚？他们会不会喜欢我演讲的内容？），而批评的声音会告诉你：你不会成功的！而你最终会因为达不到完美主义的标准而面临那堵拖延症堆砌的高墙（见第 102 页）。

我们可以通过以下方式来打破那堵高墙以及冒名顶替综合征：

·注意到你的头脑何时开始专注于结果；

·把注意力拉到过程上来；

·为自己的努力感到自豪。

要确保用善意和同情心来看待自己，认可并奖励自己付出的努力，即便结果并没有那么完满。当你的自我价值取决于当下你做出的符合价值观的努力时，你就能重新获得力量，勇敢地对抗冒名顶替综合征。

内部认可的力量

　　听听你内心的想法。看看那个批评的声音是否在对你指手画脚，并认识到，你怎么对待最好的朋友，就该用同样的方式来对待自己。这就是内部认可，用同情和仁慈来对待自己。正如我经常对我的孩子说的那句话："谁才是你最应该爱的人？没错，你自己。"这一点至关重要。无论你走到哪里，你都会与自己同行。所以如果你能够成为自己最好的朋友，那么你就拥有了最强大的超能力。成为自己最好的朋友，最终体现为将你的行动跟你的价值观重新结合，专注于过程，并为自己付出的努力感到骄傲。

　　寻求保证是批评性声音的另一个伎俩。害怕得到负面评价、害怕失败的人，通常会对外界的认可具有强烈的需求。外界认可是让别人来告诉你，你做得很好，你看起来不错，或者你会好起来的。

我们都喜欢听到别人告诉我们做得很好，很少有人不喜欢这样的认可。然而，你应该把这种外界的认可当成是锦上添花，而不是必要的东西。

这种渴望从别人对自己的评价中获得确定性的行为就是安全行为。批评性的声音会说，你不够好，你最好去寻求保证，这样才能确保你没事。这里的问题就是，只有当别人告诉你你足够好的时候，你才会感觉自己足够好。这就是说，当你需要外界认可的时候，你就已经放弃了自己的控制力。当你获得了外界认可的时候，你的感觉很好；但是如果没有得到外界认可，你的感觉就会变得很糟糕。这样做的副作用就是不停地取悦于人，以便获得他人的认可。这跟别的安全行为没有区别，短期内你可能觉得还不错，但随后又会开始怀疑，开始感到不确定，从而陷入无休止的需要他人肯定的循环中。归根到底，你不应该去追求被他人接受或认可的人生，你需要的是符合自己价值观的亲密关系、友谊和人际关系。

现在回想一下，你上一次遇到不顺的事情是在什么时候？写下你在当时对自己所说的那些话。现在试着用你跟亲密朋友说话的方式给自己写一封信。注意语气和措辞。现在的感觉是不是好了很多？

有时候当我们真正反思我们对自己说话的方式，以及我们对别人说话的方式时，可能会发现我们简直在对自己搞语言暴力。我可以想象得出，你肯定从来没想过要用暴力的、诋毁的语气和别人说话——那我们为什么要用这样的方式和自己说话呢？

看看你是否能把自我同情的练习融入每一天的日常生活中。如果你能够为自己提供认可、同情和仁慈，那么你的内心永远都是充实的。如此一来，外界的认可就从"必要的东西"变成了"锦上添花"。

第三步总结

祝贺你！现在你已经做到了下面这些事：

1. 识别自己的担忧故事；
2. 识别无益的应对策略；
3. 认识到发自内心的价值观；
4. 学会了有效的策略，可以将焦虑转化为行动。

现在让我们进入最后一步。

第四步

—

沿着价值观和人生目标
向前迈进

Chapter 23

注意、旋转、调整

有意识和有目标的行动是成功的关键

恭喜，你已经走了很远了！现在你已经意识到恐惧驱动下的想法、感觉和行动，意识到自己的价值观，并且采用心力训练法工具箱来对抗恐惧；你已经准备好用力地生活，朝着人生目标和价值观的方向迈进。心力训练法的第四步就是把所有的内容汇集到一个以价值观为导向的行动计划中来。要想将焦虑转化为韧性，建立心灵的内在力量，你就需要为未来铺好一条清晰的路径。价值观驱动的行动计划是一个总体规划，集合了你对价值观的认识以及有目的的、符合价值观的行动。可能若干年后，你的处境、优先事项、目标和梦想等都会发生变化，但这都没有关系，明确的理想方向可以让你的行动更强大、更有目的。

价值观金字塔

你的行动计划会把你的价值观金字塔分为三个层次

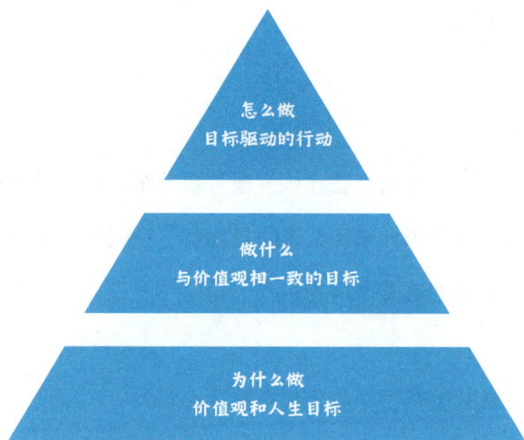

怎么做
目标驱动的行动

做什么
与价值观相一致的目标

为什么做
价值观和人生目标

为什么做：价值观和人生目标

你的价值观是什么？

回想一下第二步中所列举的价值观列表。你的价值观为你认为最重要的事项奠定了基础。它们是你发自内心的动力，引领着你走向有意义的生活。

当你有一个清晰的替代路径时，就能够更加容易地对抗担忧、恐惧、焦虑和压力的声音以及经历。你的价值观就像是路标，它是你自己选择的方向，而不是担忧为你选择的方向。我们可以把价值观比作"心跳"，它可以为你输送氧气，推动你去度过一个充实的人生。

查看价值观列表时，尤其要回顾特别重要的那一栏。你能否把自己的价值观浓缩成最重要的 5-6 项？是否存在一个对你而言最为重要的总体性价值观？把这些价值观当成你的向导，然后去制订符合价值观的行动计划。

你的目标是什么？

你的个人目标是指那些你认为很重要的东西，以及那些你特别关注的东西。所以怎样来定义这些目标呢？在明确最高价值的基础上，问问自己下面这 5 个问题：

1. 我认为最重要的价值观是什么？
2. 我过去有哪些成功的经验和成就？
3. 我过去、现在和未来所能做出的贡献是什么？
4. 我的兴趣和爱好是什么？
5. 我的长处、天赋和技能是什么？

现在我们可以来界定哪些东西对你的未来目标最重要。花点时间来考虑更广泛的领域，比如围绕在你身边的世界、家庭、工作、朋友和社区等。

过去的成功和成就

过去那些进展顺遂的事，或者说让你自我感觉最好、最有韧性和力量的时刻都是什么？这些经历可能发生在家、公司、学校或者大学里，可能是跟朋友在一起，或者在社区团体里，在家中或者别的场合。当时发生了什么？试着从你的记忆中找出一些这样的时刻，它们是否都有相似的主题？

过去、现在和未来的贡献

列出过去做过的贡献，以及未来能够做出贡献的事情。你觉得怎样才能为世界，为你的家庭、朋友、你现在加入的团体、未来可能加入的团体、当地社区以及自然环境做出贡献？

你的兴趣和爱好

明确了最重要的价值观之后，写下你的兴趣和爱好。发散思维，写下你能够想到的东西。通常情况下，当你把脑子里的想法写下来的时候，它就会给你一种前所未有的清晰之感。

你的长处、天赋和技能

想一想你的长处、天赋和技能，哪些事情是你擅长的，并且跟你的价值观一致？请记住，擅长某些事情并不意味你就会重视它们，也不意味着你对它们感兴趣。当你的长处、天赋和技能与你所重视且热衷的事情相一致的时候，你才能获得满足感。你也可以问问自己信任的家人、朋友、同事，问问他们在你的身上看到了哪些长处。询问你关心的人和熟悉你的人可以获得很多不同的见解和信息（这跟恐惧驱动下因怀疑自我而做出的检查或寻求保证不同，这些检查是为了让我们更明确，以及收集更多的信息）。

你的目标声明

把你在个人反思方面得到的答案写成几段话。你可以把写声明当成一个绝好的机会，通过它来练习接受有目的的不完美。这么做的目的并不是搞出一个完美的目标声明，而是让你更清楚地了解哪些东西才能让你产生满足感，以及哪些东西对你来说才是重要的。尽量写得简短些。写的时候只需要几个词语来描述你和你的目标就可以了。把这几个词语当成灵感，同时一定要对自己诚实。

你可能会发现，让你觉得有激情的领域会随着时间的推移而改变，这完全是正常的，关键在于确保你的声明聚焦于正确的目标和热情。当你的生活与你的价值观和目标保持一致的时候，你才能够找到最满意的自己。所以你要花点时间进行自我剖析，真正去思考哪些东西能够使你充满活力。拥抱当下，专注于过程，不要在意自己的答案是否正确。每个人的价值观、热情和目标对他们来说都是独一无二的，没有人可以告诉你答案。然而，一旦你有了明确的答案，担忧就站不住脚了。这个时候担忧和批评的声音可能又会对你指手画脚，质疑你的价值。你可以把它当作一个行为实验，把书放回书架上，重新调整手头的任务，利用心力训练法工具箱给自己提供力量——你非常清楚自己应该怎么做。

你可以试着问自己一个"魔法棒问题"：如果你能够挣脱恐惧

的枷锁，做任何事情，成为任何人，那会是什么样子？尽管大胆地想象，谨慎小心之类的标签可以统统抛到九霄云外。这是一个头脑风暴练习，它可以反映出哪些领域跟你的激情相一致。勇敢面对恐惧，遵循内心的真实想法。

心力训练法工具箱里用来进行这项练习的关键小贴士来自第八个工具——勇敢地面对批评的声音，战胜冒名顶替综合征。这里强调的都是"追求精确而不追求完美""关注努力而不关注结果"。头脑中冒出的所有想法都值得你用文字记录下来，这样做并不是为了让它们变得完美和正确，而是为了记录下来，让今后的道路变得更加清晰。

心力训练行动

确定你的目标

思考下面的问题，然后确定你的目标声明。

1. 你最重要的价值观是什么？

2. 你的过去有哪些成功的经验和成就？

3. 你过去、现在和未来所能做出的贡献是什么？

4. 你的兴趣和爱好是什么？

5. 你的长处、天赋和技能是什么？

现在，参考你身边的世界、你的家庭、你的工作、你的朋友和你所在的社区，写一份目标声明吧！

案例分析

麦克在进行这项练习的时候，下面这些领域为他提供了由心驱动的人生目标：

世界：帮助自己所在的公司进行管理改革，帮助员工取得最大的成功。

家庭：成为一个充满爱和奉献精神的父亲和丈夫；成为一个有趣而乐观的人，做孩子们的榜样。

组织：成为一个强有力的领导，一个专注而熟练的顾问，和团队一起提高生产力和积极性。

朋友：成为一个忠诚的、值得信赖的朋友，在别人需要时可以让其依靠。

社区：积极参加社区活动，了解并参与社会和慈善所需的工作。

做什么：与价值观相一致的目标

要想从焦虑转向有韧性的行动，培养内在力量，你就要确定符合自己价值观的目标。你需要把注意力集中在那些重要性很高但一致性很低的价值观上。对于这些价值观，你需要达成怎样的目标才能让自己的生活跟它们更一致？这些目标最好都以解决方案为重点，表达的措辞要正面积极，而且要聚焦于你想要实现的目标，而不是你想要逃离的目标。

确定目标的时候可以参考"SMART"标准，SMART 是指你的目标要：

- ·具体的（Specific）

- ·可衡量的（Measurable）

- ·可实现的（Achievable）

- ·现实的（Realistic）

- ·有时间限度（Time-framed）

使用 SMART 标准来确定目标可以保证价值观驱动的行动计划具有明确的重点，以及详细而可控的行动内容。

怎么做：目标驱动的行动

一旦明确了自己的目标，下一步就可以确定以实现目标为导向的行动计划。为每一个目标都设计一个具体的计划，把重点放在你能够控制的领域，然后开始行动。现在你已经能够沿着价值观驱动的方向前进了。

充盈满足感、韧性和幸福感的生活

把一切汇集到一起：心力训练健康金字塔

按照价值观指引的方向前进，战胜担忧、焦虑和恐惧，其中一个重要的部分就是尊重身心之间的联系。大量的科学研究表明，当你照顾好了自己的身体，也就照顾好了自己的内心。

心力训练法的最后一步就是制订一个身心健康计划。当你参与到一个全面的身心健康计划中时，就会刺激多巴胺、催产素和血清素等神经化学物质，而这些物质可以让你保持积极的情绪状态，并且抑制战斗或逃跑反应。

心力训练健康金字塔建立在积极心理学、临床心理学和神经科学的核心原则上，同时也借鉴了积极情绪状态、心理健康、幸福感和韧性等领域的科学研究成果。

心力训练健康金字塔的基石包括睡眠、均衡饮食、补水、运动和人际关系。

心力训练行动

把良好的睡眠放在首位

优先保证良好的睡眠是保持心理健康和克服焦虑的基础。证据表明，睡眠问题直接影响到心理健康，压力、焦虑、情绪低落等都和睡眠问题有明显的关联。这种关联是双向的，睡眠不好会加剧焦虑、压力和抑郁，而这些问题反过来又会影响睡眠质量。

无论你是难以入睡还是睡不踏实，我们都有很多方法供你选择，帮你减轻压力，提高效率，增强你的情绪韧性。我通常会让人们先注意到自己处于担忧的状态，然后建议他们跟这些忧虑或担忧的故事保持一定的距离，这个担忧故事的主题可能就是"你睡不着"。你也许需要进行一番心理斗争，努力证明担忧是错的：实际上是你的大脑被卷入了战斗或逃跑反应，你在跟自己无法入睡的事实纠缠搏斗。

大脑一旦进入战斗或逃跑的状态，肾上腺素和皮质醇就会被释放到你的血液中——这两种物质跟入睡所需的神经化学物质刚好相反！还记得那只老虎吗？当你被老虎追赶的时候，最不该做的事就是睡着或者坠入爱河。所以，当你进入战斗或逃跑状态时，你体内的催产素和褪黑素也就随之受到抑制。

心力训练行动

正念入眠

当你在感到入睡困难的时候，正念是一个很实用的工具。一旦发觉忧虑试图来支配你，你就要跟这些担忧故事保持一定的距离，然后重新投入当下，放慢自己的呼吸节奏，这样就可以跳出战斗或逃跑反应，更好地入睡。除此之外，如果你还在生活方式方面采取了合适的策略，比如适当的锻炼和运动、放松、减少咖啡因摄入量、健康平衡的饮食等，那么接受不能入睡的事实就可以让你脱离战斗或逃跑的反应。一旦你不再跟睡眠较劲了，用于入睡的神经化学物质，例如褪黑素等就会被释放到血液中，从而提高你的入睡可能性。

案例分析

艾拉刚来诊所时就面临着睡眠问题。她不但很难入睡，而且还有睡眠中断的问题。

每当她躺下之后，大脑就开始飞速运转，有时候甚至会从恐慌中惊醒。尽管已经精疲力竭，她还是觉得自己无法让脑海中的想法安静下来。这些并不仅仅是显而易见的忧虑，它们可能跟工作成效和行动计划有关，甚至关系到生活中的方方面面。这种混乱的心理状态有一个共同的主题，那就是"我不够好"以及"完美主义"。

艾拉很讨厌那些只有在准备入睡时才冒出来的想法，为此她一直在挣扎和反抗，每晚都辗转反侧，难以入睡。她下定决心要找到完美的治疗方法。她尝试过自然疗法、食物疗法、饮料疗法、放松疗法、黑暗疗法、计数疗法以及技术疗法等；她还去看了专家，她怀疑自己是因为患了某种疾病才难以入睡。她在网上搜索可能影响到睡眠的各种疾病，还去咨询医生，从而又踏上了另一条治疗失眠的道路。

这里有一个最根本也最重要的问题，那就是艾拉为了入睡所做的所有努力会使她的大脑一直促动神经化学物质的分泌，而这些神经化学物质的主要目的就是让人保持清醒！之后我和艾拉一起研究了有关战斗或逃跑反应的神经科学，在我的帮助下，她逐渐认识到她之前为入睡而做的所有努力其实都是安全行为。这些行为产生了跟预期目的完全相反的效果：为了入睡而做出的努力会使她更加清醒。艾拉的问题不是睡眠问题，而是担忧的问题。

我们总结了艾拉为入睡而做的所有努力，从中进行筛选，最终我们发现成功的关键就在于反直觉——接受无法入睡的事实才是入睡的关键。

艾拉完全扭转了之前对睡眠的看法，结果她的睡眠问题很快就解决了。每当那个害怕无法入睡的担忧故事出现的时候，她就重新训练自己的大脑，让自己接受不确定性带来的不适感，这样就能够确保她不会再次陷入跟睡眠的斗争中。她注意到了担忧故事的存在，她对自己说"我也许很快就能睡着，也许不会"，然后运用正念策略，只关注当下，只关注自己的呼吸。当然她也有很难入睡的时候，不过她懂得了"接受它"的重要性，能够运用正念呼吸策略，无论能否入睡她都可以心平气和地接受，最后反而会悄然进入梦乡。

心力训练行动

饮食均衡

经过认证的执业营养师最有资格提供补充剂和饮食方面的指导。已然有大量的证据表明，吃得好可以帮助改善：

· 你的心情；

· 整体的幸福感；

· 处理高压生活的能力；

· 管理焦虑的能力。

吃精加工的食品、精制碳水化合物以及高糖的零食会加剧你的焦虑和压力症状。糖分会被迅速吸收到血液中,这会导致葡萄糖和能量在短时间内激增。身体会增加胰岛素的分泌以消除血液中激增的糖分,同时使之前激增的能量被迅速消耗掉,而这就是问题所在。随之而来的糖后低迷和疲劳很可能会对情绪产生不利的影响,加剧焦虑的症状。如果这种模式不停地重复,形成一个循环,就会导致能量水平和情绪状态持续性地波动,从而使你感到烦躁、压力、失控,焦虑也更容易爆发。

研究表明,食物中如果含有维生素和矿物质,例如叶酸、胆碱、维生素 B_{12}、维生素 E、维生素 C 以及镁和锌,就有助于减轻焦虑症状。同样,证据表明欧米伽 -3 脂肪酸（EPA 和 DHA）和色氨酸对身体也有很多好处。色氨酸就是血清素的前体。从这个角度讲,饮食中最好要有新鲜的水果、蔬菜、绿叶蔬菜、全麦食物、乳制品、瘦肉、禽类肉、豆类、坚果、种子、健康的食用油,以及油性鱼类,例如鲑鱼、金枪鱼、鳟鱼、鲭鱼、沙丁鱼等。这些食物都有助于调节血糖水平,进而调节人的情绪状态。比如,全麦食品在体内需要更长的分解时间,而糖分被释放到血液中的速度也更慢。同样,早餐吃蛋白质有助于保持持续的能量和稳定的血糖水平,从而帮助我们调节情绪,减轻焦虑和压力的影响。

还有新的证据证明,微生物—肠—脑这一轴,或者说精神益生菌（psychobiotics）对焦虑和情绪能够产生影响。你的饮食可以改变肠道微生物群的组成和代谢活动。富含益生元或可发酵纤维（例如蔬菜、水果和全麦等）的食物，以及富含益生菌的食品或者发酵食品（例如酸奶、酸菜、泡菜、豆豉和开菲尔酸奶等），都可以通过抗炎和抗氧作用来抑制神经毒性，降低人体对压力和焦虑的敏感性。

心力训练行动

保持充足的水分

保持充足的水分也会影响我们的整体心理健康和幸福感。哪怕是轻微的脱水也会对情绪、压力、焦虑和愤怒产生不利的影响。为了防止脱水，全天都要不停地喝水。

补水时要注意选择合适的饮品。茶、咖啡、可乐和能量饮料中的咖啡因是一种兴奋剂，可能会增加某些人群对焦虑的敏感性，所以应该适量饮用。也有研究认为咖啡会抑制大脑中血清素的水平，在下午或傍晚喝咖啡的话，可能会导致入睡困难或者影响睡眠时长。

同样，喝酒也要谨慎。酒精是一种抑制剂，大量饮酒可能会导致情绪失调，抑制某些药物的有效性，而且可能会影响你的睡眠质量。

果汁虽然乍看起来像是一种健康的选择，但如果没有摄入整个水果中的纤维，那么喝果汁基本上等同于喝营养丰富的糖水，同样会产生糖分骤然上升而后骤然下滑的过山车效应。无糖饮料看起来是个不错的选择，然而里面含有的人工甜味剂也会对情绪和焦虑产生负面影响。所以要限制或避免酒精、咖啡因、果汁和人工饮料的摄入。保证一整天的进水才是保持健康的基础。

心力训练行动

寻找你喜欢的运动

锻炼是一种强大的积极因素，可以帮你从焦虑转向有效的行动。研究表明，即使只在日常生活中进行5分钟的有氧运动也可以帮你减少焦虑的影响。更何况专注地做一项活动还可以给你带来成就感。

心率的提高会改变大脑中的神经化学物质，增加抗焦虑的神经化学物质（比如血清素）的可用性。锻炼以及其他体育活动也会增加大脑中内啡肽的分泌，这种化学物质可以起到天然的止痛作用，改善你的情绪，使你感到更加放松。此外它还可以提升睡眠质量，进而又帮你减少了压力。

锻炼的另一个好处是重新激活前额叶皮质，从而减轻你被杏仁体劫持的风险。它可以帮助你把注意力转移到符合价值观的活动上，让你远离感知到的威胁，减少你的焦虑反应。另外移动身体本身也可以缓解肌肉紧张，同时消耗掉体内存储的肾上腺素。

完整的运动建议和策略请参考第三步中的心力训练法工具箱。概括来说，以下几种方法可以最大限度地发挥锻炼和运动的好处：

· 选择那些令人愉快的运动，这样你就能坚持反复地做。

· 逐渐增加挑战，这样你就能慢慢提高心率。

· 可以考虑和朋友一起锻炼，或者加入一些健身小组，这样做还有一个额外的好处——扩大自己的人际关系网。

· 条件允许的话，可以在户外运动，进一步减少压力和焦虑。

· 频率是通向成功的最重要因素，所以每天给自己定一个小目标，并且每天都要坚持运动，不要只想着完美的健身成果。例如，每天步行 15 到 20 分钟，要比等到周末才进行一次长时间的剧烈运动效果更好。

心力训练行动

保持联系

跟家人、朋友和社区之间的联系对一个人的身心健康至关重要，也是防止焦虑和抑郁的保护性因素之一。真实的、符合价值观的社会关系可以给你带来幸福感和安全感，为你提供支持，实现一些人生目标。

如果焦虑让你和他人之间的联系受到影响，那么在咨询专业心理医生的同时，参考心力训练法中提供的策略将会给你带来帮助。你可以按照心力训练法工具箱中的步骤为自己设定一个行动计划，一步一步接近曾经回避的那些情境，同时学着放弃自己的安全行为。担忧也许会让你远离社会关系和人际关系，因此你要留意担忧的故事，有目的地接近那些回避过的情境。

记住，要先从一小步开始，慢慢走出自己的舒适区。一旦开了头，和他人保持联系这种行为本身就能够增强你的信心，改善你的情绪，让你可以进一步扩展自己的舒适区。这种向上的势头反过来又可以改善你的整体情绪状态，这就创造了一个积极的健康螺旋。所以问问自己，你想追求哪种社会关系和人际关系，却因为担忧和焦虑而迟迟没法做到？

把你想到的内容写下来，看看能否把它当成一次行为实验。下面列出了一些行为实验的例子，可以帮你走出舒适区，接近曾经回避的人际关系：

·加入一个喜欢的兴趣小组；

·报个班；

·加入体育俱乐部或步行小分队；

·参加艺术或工艺活动；

·参加社交聚会；

·加入读书会；

·去慈善机构或非营利组织当志愿者；

·向身边的人伸出援手。

开动脑筋想想自己感兴趣的活动，每天为自己设定一次小小的挑战。即时的面对面交流和人际接触是最好的联系方式，但也有很多方式可以让你通过数字技术进行联系。

要想提升你的人际关系，可以考虑：

·列出你想定期保持联系的名单，并在日历中添加提醒；

·每天坚持花一定的时间跟家人或朋友在一起，比如，每天固定的家庭时刻，或者是你从其他繁忙事务中抽出来的一些时间；

·练习积极的倾听，有意识地避免采取安全行为，比如，依靠手机来分散你的注意力；

·练习自信式沟通，并在必要时寻求帮助；

·向你的家人或朋友表达感激之情，以此来表明你对他们的尊重、支持和感恩；

· 抽出一天的时间，跟久未谋面的朋友出去聚聚；

· 关掉电视，跟你的伴侣或孩子聊天、玩游戏；

· 跟同事共进午餐；

· 看望需要支持或陪伴的家人和朋友；

· 去当地的学校、医院或其他社区团队做志愿者。

如果你的生活中正在发生一些让人紧张或焦虑的事情，你可以建立一个互助小组，但这个小组里不能有家人或朋友。这种互助小组：

· 可以让你跟有着类似经历的人建立深厚的联系，可以提醒你你并不孤单；

· 让你从别人那里获得灵感和智慧；

· 让你从专门从事相关领域的专业人士那里获得专业知识和实用建议。

使用心力训练法工具箱来强化你的亲密关系

现在你已经知道，被动、逃避和回避，以及指责、防御、攻击、挑衅和责骂都是毫无益处的战斗或逃跑反应，当你在亲密关系中时问问自己，这些反应是否能起到任何有效的作用。看看你和伴侣之间是否都能肩负起责任，从战斗或逃跑的行为中走出来，并用符合价值观的行为来重新调整彼此的关系。

一定要谨慎对待消极偏见以及极端的思维方式，比如"你从来都没关心过我"这样的话。相反，我们要把重点放在解决问题和行动规划上，采取以解决方案为导向的替代行为，比如："我们等会儿一起待上一小时好吗？"运用第 222 至 224 页介绍的策略进行自信式沟通也会有所帮助。

如果你觉得自己的亲密关系陷入了僵局，你不太擅长表达自己的感受，也不懂得怎么让自己的需求得到满足，那么可以去咨询临床心理学家，或者专门从事亲密关系咨询的治疗师，这样可能更有帮助。如果你在一段关系中总是缺少安全感，自尊受到打击，感到焦虑，和对方的价值观也不一致，那么治疗师可能会运用各种工具和策略帮助你培养内在的力量，让你能够从这段关系中走出来。

正念、冥想、放松

心力训练健康金字塔的下一层要求我们有目的地参与正念、冥想和放松的行动。这些行动可以使交感神经系统安静下来，使我们关注当下，专注于内心驱动的活动。

心力训练行动

尝试冥想

　　冥想为如何学习全心全意地生活提供了一个训练场。日常生活中充斥着各种不确定性和复杂性，冥想为你在当下提供了片刻的宁静。冥想并不意味着关闭你的想法和感受，而是帮你跟自己的想法保持一定的距离，从而让你能够观察它们，观察自己的感受，但不做任何评断。

　　通过持续的练习，冥想可以帮你强化注意力这块"肌肉"，让你能够更好地关注当下，避免反思过去或担忧未来。冥想为杏仁体劫持提供了解药，同时也能够缓解由担忧和负面想法而触发的焦虑。

　　冥想的目的不是摆脱焦虑。当你为了摆脱焦虑而进行冥想时，最终你会把自己推回与焦虑搏斗的拳击场，反而使得战斗或逃跑反应更加活跃。事实上，冥想能做的是促进你对当下的意识，缓解焦虑只是这项技能的副产品而已。

　　冥想有许多不同的类型，其中包括正念冥想、精神冥想、专注冥想、动态冥想、咒语冥想以及先验冥想。不同类型的冥想都有一个相同的目的，那就是训练你的大脑去体验持续的注意力，并跟那些让人分心的想法保持一定的距离。所有冥想练习的核心成分都是促进心智的觉察，所以要确定哪些感觉对你来说是好的、舒适的。如果某种类型的冥想对你不起作用，那就尝试另一种，直到你找到合适的类型。

比如，先验冥想就是一种简单的技术。练习者可以指定一条咒语，这种咒语可以是一个单词、声音或者短语，然后以特定的方式重复，直到它成为你头脑中的焦点。通过这种冥想，你可以向内沉淀，进入深度的放松和休息状态，这么做的目的就是要不费力地实现内心的平静。有些人喜欢咒语冥想，觉得专注于一个单词比专注于自己的呼吸更加容易。这种冥想每天可以练习两次，每次 20 分钟，闭上眼睛静坐即可。

正念冥想起源于佛教教义，是西方最流行的冥想技术之一。正念冥想的主要前提是持续性地关注当下，让你的想法从头脑中流走。这种冥想在于观察当下的想法并允许它们的存在，不做评判，不追究具体内容。这种练习需要将注意力和意识结合起来。例如，它需要你专注于一个物体或专注于自己的呼吸，同时观察自己的感觉、想法和情绪，并把你的思维带回当下这一刻。网络上有很多应用程序和录音文件可以用作这种冥想练习的入门教程。

正念冥想最基本的练习方法之一就是专注于自己的呼吸。留意呼吸及其带给你的感觉和体验可以让你对当下保持持续的关注。人们通常都会不由自主地走神，这也没有关系，你只要把注意力重新引导到呼吸上即可。

长期进行轻缓而有规律的练习可以让你体会到冥想的妙处。有大量的科学研究表明持续的冥想练习具有诸多好处，尤其在缓解焦虑和压力方面很有效果。

实际上，已经有研究可以证明，冥想不但有助于改变你的心态和观点，而且可以通过神经可塑性从物理层面上改变你的大脑。大脑中的灰质负责情绪控制、计划及解决问题等工作，通过大脑成像图我们可以发现，进行定期的冥想练习之后，灰质的数量也随之增加。同样，大脑中负责调节压力、恐惧和焦虑的杏仁体也会随着定期冥想练习而萎缩。

　　持续的冥想练习还可以改变身体固有的压力反应。压力会刺激交感神经系统，导致压力荷尔蒙（例如肾上腺素和皮质醇）在血液中激增。当身体和心灵通过冥想练习或其他放松技术变得松弛时，副交感神经系统就会被激活，从而引发身体的放松反应，同时关闭交感神经系统的压力反应，抑制压力荷尔蒙的分泌。事实上经常冥想的人都会发展出一种能力，就是使身体在需要时可以关闭压力反应，立刻进入放松状态。

　　无论你选择哪种冥想技术，冥想过程中的正念体验都会让你更加容易地将这项技能应用到日常生活中。通过冥想打磨你的正念练习，次数多了，你自然就能熟练地捕捉到分心的时刻，从而更好地把注意力带回当下。

　　冥想练习结束时，回顾一下自己的内心感受，并把这种体验带到接下来的时间中，这样做也会有益处。看看你能否在冥想练习后，立即以你在冥想过程中所体验到的意识水平来面对接下来的任务。在剩下的时间里试着寻找机会跟冥想练习中体验到的正念重新连接。

腾出时间来放松

　　心力训练健康金字塔的下一个组成部分是放松。放松策略是指日常生活中能够给你带来快乐、安宁和乐趣的行动，这些有目的的行动能够抵消你的内部压力反应，帮助你专注于当下的某一项任务。令人放松和平静的活动各有不同，这要取决于人们真正重视的是什么。不过这些活动有一个共同点，那就是都有利于人们用心地活在当下。这样的放松活动有一些常见的例子：

·园艺；

·丛林漫步；

·艺术和手工；

感恩和善良

心力训练健康金字塔的下一层是感恩和善良。心力训练法工具箱之前总结过，有足够多的证据可以证明，对自己和他人的感恩之心和善意之举可以提升幸福感，帮助你应对心理健康问题。

感恩是一种表达感谢和赞赏的心情；善良则是指在不指望得到任何回报的情况下做事。不管你的善意之举是为了陌生人、朋友、邻居、慈善机构还是为了自己，善良都可以为你和他人提供一种积极的情绪状态。

事实证明，感恩和善良都可以帮你抵消压力和焦虑带来的冲击。表达感激之心以及施行善意之举都能够刺激血清素的释放。这种让人产生美好感觉的神经化学物质可以使你平静下来，进入积极的情绪状态。善良与催产素的释放有关，催产素可以刺激信任和联结的感觉。研究发现，善意之举和感恩之心还能够增加内啡肽的分泌，并减少压力荷尔蒙皮质醇的生成。通过减少压力荷尔蒙的水平，管理自主神经系统的功能，保持感恩和善良能够缓解抑郁和焦虑的症状。

同样，善良和感恩与多巴胺的升高也有关，这能够让人感觉更强大、更积极、更有活力。自我同情是向内的善意，它可以让你的韧性、信心和精神状态提升到一个新高度。

有些研究还强调说，如果你在两个月的时间里定期回顾让你感激的事情，就会让乐观的情绪急剧上升，这也是工具箱中一个可以帮你来对抗焦虑的强大工具。它可以重塑并训练你的大脑，让它有意地去看事物的优点。而当你开始更积极地看待事物时，就能够体验到更强的幸福感。

在练习保持感恩和善良的时候，你可以重新平衡对威胁的过度警觉以及因压力反应而触发的消极偏见，之后你就可以对事情做出更积极、更有益的评价。研究表明，两者都可以增强一个人在社交场合的自尊心，减少社交焦虑，显著提升积极的情绪状态。

研究还表明，定期表达感恩之情可以帮助入睡，或者让人睡得更安稳。从大脑成像上可以看出，通过写日记或写信的方式定期表达感恩之情，在事实上会让大脑从神经可塑性方面发生变化。

既然有这么多的证据证明善意之举和感恩之心能够促进心理健康和幸福感，我们就应该把这两者纳入每周的例行日程中。试着问自己以下的问题，或许就能找到感恩的机会：

· 你是否能够有意地用值得感恩的事情来结束每

一天?

·你是否能尝试每天都为一个人做一件小小的善事?

·你是否能记录下为自己或他人所做的善举?

·你是否能记录下感恩和善意对你产生的影响?

写下这些内容之后,你就可以创建一个内容清晰、权责分明的行动计划。这个行动计划是积极的,并且与价值观相一致。由于对积极的事情进行回顾,你还可以从让人感觉良好的神经化学物质中受益。通常情况下,我们关注的东西总会加倍增长,所以当你有意地关注自己的善意行为时,这些行为就会对你的整体情绪产生更持久的积极影响,同时还会降低你的压力水平,提高你的能动性。

心力训练行动

写感恩日记

通过写感恩日记来表达感激之情也是一种治疗方式。你可以在日记里回顾值得感恩的事情,定期进行感激冥想,每天晚上列出 3 件值得感激的事情,或者在新的一天开始时思考值得感激的事情。建议你每天都积极地练习,这样才能巩固感恩对心理健康和幸福感的正面影响。

写感恩日记尤其能够帮你降低压力水平,特别是在晚上,它会让你觉得更加平静。通过写日记,你还可能对那些重要的事情或者你欣赏的事情生出全新的看法。它可以帮助你建立自我意识，也可以作为一个强有力的提示帮你重新调整符合价值观的目标和行动。在感到焦虑或沮丧的日子里，你可以打开这本日记，阅读你曾经感激过的那些事情，重新调整自己，恢复平衡。感恩日记还可以帮助你更加专注于当下，更加平衡和理智。它鼓励你去注意正在发生的那些小而美好的事情，它像一座灯塔一样，把你引向积极的经验和成就。

下面是一些对写感恩日记很有用的小建议：

· 尽管在一天中的任何时间都可以写日记，但把这件事安排在一个固定时间效果会更好。

· 可以设置一个每日提醒，或者在日历中安排写日记的任务。

· 考虑每晚睡前花 15 分钟写感恩日记。晚上进行感恩思考会有特别的好处，因为你可以回顾一整天里所发生的事情，还可以在睡前刺激那些积极的神经化学物质。把你的感恩日记放在床头柜上，这样更容易把写日记当成日常工作的一部分来坚持。

· 如果你还有更多的时间，那么不要着急赶工，仔细琢磨如何表达感恩也是一项很好的锻炼。

因为联想的力量，即使你只是简单地扫一眼自己的日记，都有助于缓解压力和焦虑，提升整体的幸福感。你的感恩日记想写多少就写多少; 每天写下 5 件值得感恩的事情就是一个不错的目标，但这个数字很灵活，有则多写，没则少写。清单上的项目可以简单也可以复杂，不管怎样都是好的！把这个练习当成日常生活的一部分，至少坚持3周以上。给自己一个培养和巩固新习惯的机会，仔细体验其中的好处。

这里需要注意的是，不要仅仅停留在表达感激上，要用心地享受写日记的过程，这样才能产生更有效的结果。忧虑有时候会把你引入歧途，写日记可以让你留意到这个情况，并把你带回当下。写下你所感激的事情，然后阐述一下自己为什么会感激，这样才能进一步巩固这种心怀感激之情的体验。这种回顾也可以帮你看清生活中真正重要的东西，这样就能够与心力训练法第二步中提到的价值观保持一致。

下面是一份感恩提示清单，希望它可以激发你在感恩方面的创造力：

· 生活中你想要感激的人是谁？为什么？

· 你所感激的技能和能力。

· 学习和成长的挑战或机遇。

· 你所感激的积极变化。

· 活动和爱好。

· 你所在的城市、街区或小镇上有哪些东西是你喜欢的？

· 一天中最好的部分。

· 身边比较难搞的人，身上都有哪些特质？

- 你所感激的有形物品。

- 音乐及其他形式的娱乐。

- 过去曾经帮助过你的人。

- 食物或饮料。

- 大自然或者身边环境中的事物。

- 你所学到的东西。

- 回忆。

- 工作中的经历。

- 感官体验。

价值观和目标

心力训练健康金字塔的塔顶是让你的职业、人生目标以及价值观保持一致。明确自己的价值观，积极地确保目标和行动符合价值观驱动的方向，这就是赋权的本质。它们是心力训练法的核心，是克服焦虑、战胜担忧、培养韧性的关键所在。

Chapter 25

享受心的力量

现在你已经拥有了终生受用的心力训练法工具箱

现在你已经熟练掌握了心力训练法，这个强大而实用的工具箱可以让你受用一生。你学到的策略在个人、职场和学习上都可以应用。

我希望你能够对战斗或逃跑驱动下的想法、感受和行动保持自我意识。你可以随时回顾本书中的章节，把它们当作生活的资源。明确你的价值观、动机、目标和行动，根据其中的智慧来留意、转向、重新调整自己。不再担心和顾虑自己无法控制的事情，把注意力转移到你能控制的事情上，专注于解决问题和行动规划。要为自己所做的努力感到自豪，因为你已经起身对抗担忧，你选择了接近而不是回避，你为自己培养了韧性。

请记住，做人就意味着感受情绪、体验脆弱、体验不完美。你并不能永远掌控生活，但心力训练法给你创造了一个空间，让你可以在出状况的时候选择如何去应对。担忧和杏仁体都希望你能够被恐惧、焦虑、愤怒和激动劫持。如果回到穴居时代，你可能是一个保护者，你想要保护自己的部落，让族人不受掠食者和其他危险的侵害。然而在如今这个高度复杂、不确定的世界里，你需要的是更适应这个时代的心力训练法工具箱。我们的世界要求你去接受不确定性。你现在知道如何起身反抗担忧的戏要，知道如何让活泼的杏仁体安静下来，知道如何扩展你的舒适区，拥抱自己想要的生活，不再听从担忧的支配。

你有许多美好的品质，你有属于自己的价值观和优势。这些东西都藏在你宽容而体贴的心里，这里就是你的力量所在。你的心最了解你，它会把你推向符合价值观的方向。现在就把你的注意力投向那里：

· 它在跟你说什么？

· 它想让你去哪里？

· 它希望你拥有怎样的激情？

· 它希望你把握住哪些机会？

· 它希望你解决哪些问题？

恭喜你接受了心力训练法。请尽情享受这个过程，尽情使用这个工具箱，让自己从焦虑、压力、担忧和恐惧转向有力量、有信心、有韧性的行动。我的使命就是帮助人们从焦虑转向具体的行动，帮助人们培养自己的心灵力量。这是我的荣幸，也是我的乐趣所在。祝愿你在人生的旅途中一切顺利。

致谢

心力训练法是一枚爱的结晶，非常感谢在发展它的过程中帮助过我的每一个人。

衷心感谢默多克图书（Murdoch Books）以及艾伦与昂温出版公司（Allen & Unwin）。用心灵力量去生活就是要明确自己的价值观，跟价值观驱动的行动保持一致，从我遇到卢·乔纳森和简·莫罗的那一刻起，我就知道这些杰出的专业人士与我的价值观非常一致。感谢你们的专业知识，感谢你们成为如此完美的人，感谢你们帮助我完成使命，让我能够分享关于治疗焦虑的积极经验，让我能够帮助那些需要帮助的人。这种一致性已经渗透到整个默多克团队，我非常感谢你们所有人——贾斯汀、阿丽亚娜、阿斯特雷德、苏珊娜、维夫、朱莉、布里塔、莎拉、杰玛以及其他做出贡献的朋友——感谢你们非凡的技能，感谢你们的积极心态，感谢你们履行对焦虑症患者的衷心承诺。

我非常感谢焦虑治疗诊所的团队，感谢你们的热情和承诺陪我走过了每一步。对于我尊贵的客户——向焦虑治疗诊所求助的父母、孩子、青少年、夫妇、家庭、成年人，还有参与我们的心灵力量峰值表现、韧性计划和主题演讲的领导者、组织以及学校，深切地感谢你们在心力训练法的成长和发展中提供的建议和灵感。从你们身上的转变我看到了自己的能量、动力和喜悦。

感谢维克多·弗兰克尔和认知行为疗法、接受与实现疗法、同情聚焦疗法、正念疗法以及其他循证模式的前辈导师们，感谢你们在我的职业发展中发挥的关键作用，你们是本书中各种策略的核心。感谢布琳·布朗以及其他在韧性、高绩效、心理健康和幸福领域的伟大先行者，感谢你们提供了伟大的灵感。

致我亲爱的朋友们，感谢你们源源不断地为我提供关怀和高见。

感谢各位亲爱的读者，谢谢你们通过这本书跟我分享你们的宝贵时间。我期待与你们每一个人保持联系。请与你的家人和朋友分享这本书，我们可以一起创建一次心力训练行动，帮助世界各地的人们战胜焦虑、克服担忧、培养韧性。

最后，感谢亲爱的家人们，我对你们的爱永无止境，每天早上我都怀着一颗充满感激的心醒来。你们的爱和笑声，你们的善良和韧性都是我的灵感来源。愿你们永远是彼此的磐石，愿你们的善良都能够彼此激励。我希望心力训练法中所包含的内容能够继续激励你们，就像你们每天都在激励我一样。

焦虑的反面是具体

作者 _ [澳]朱迪·洛因格　　译者 _ 徐培培

产品经理 _ 白东旭　　装帧设计 _ 杨慧　　产品总监 _ 黄圆苑
技术编辑 _ 陈皮　　责任印制 _ 梁拥军　　出品人 _ 李静

果麦
www.guomai.cn

以 微 小 的 力 量 推 动 文 明

图书在版编目（CIP）数据

焦虑的反面是具体 / (澳) 朱迪·洛因格著；徐培培译. — 济南：山东画报出版社，2024.4
书名原文：The Mind Strength Method: Four steps to curb anxiety, conquer worry and build resilience
ISBN 978-7-5474-4680-5

Ⅰ.①焦… Ⅱ.①朱… ②徐… Ⅲ.①焦虑 – 心理调节 – 青少年读物 Ⅳ.①B842.6-49

中国国家版本馆CIP数据核字(2024)第006037号

著作权合同登记号：图字15-2024-3

JIAOLÜ DE FANMIAN SHI JUTI
焦虑的反面是具体
[澳] 朱迪·洛因格 著 徐培培 译

责任编辑 李　双
装帧设计 杨　慧

主管单位 山东出版传媒股份有限公司
出版发行 山东画报出版社
　　　社　　址　济南市市中区舜耕路517号　邮编 250003
　　　电　　话　总编室（0531）82098472
　　　　　　　　市场部（0531）82098479
　　　网　　址　http：//www.hbcbs.com.cn
　　　电子信箱　hbcb@sdpress.com.cn
印　　刷 河北鹏润印刷有限公司
规　　格 145毫米×210毫米　32开
　　　　　　8.75印张　36幅图　185千字
版　　次 2024年4月第1版
印　　次 2024年4月第1次印刷
印　　数 1—5 500
书　　号 ISBN 978-7-5474-4680-5
定　　价 59.80元